Ulrike Gangkofer/Anna Muschielok
Ulrike Sauer/Stefan Zechmeister

Sternstunden Mathematik

Klasse 2

Besondere Ideen und Materialien
zu den Kernthemen des Lehrplans

Auer

Gedruckt auf umweltbewusst gefertigtem, chlorfrei gebleichtem
und alterungsbeständigem Papier.

1. Auflage 2016
Nach den seit 2006 amtlich gültigen Regelungen der Rechtschreibung

Covergestaltung: fotosatz griesheim GmbH
Illustrationen: Anna Muschielok
Satz: Typographie & Computer, Krefeld
Druck und Bindung: Korrekt Nyomdaipari Kft
ISBN 978-3-403-**07186**-0

www.auer-verlag.de

Inhaltsverzeichnis

Vorwort

Liebe Leserinnen, liebe Leser,

die vorliegenden Sternstunden sind eine Sammlung praxiserprobter Stunden mit besonderen Inhalten und/oder methodischen Ansätzen unseres Autorenteams, das seit über sechs Jahren gemeinsam Stunden entwirft, hält und im ständigen Austausch steht. Die Idee zur Veröffentlichung gab uns die Praxis vor. Wir arbeiten an verschiedenen Münchner Grund- und Förderschulen. Entstand die Idee zu einer Stunde, probierten wir diese in mehreren Klassen aus, tauschten uns aus und modifizierten sie. Wir konnten immer wieder feststellen, dass die Inhalte in unterschiedlichen Vierteln, Klassen und Schularten erfolgreich von den Kindern angenommen wurden. Unsere Ideen stellten wir dann auch regelmäßig auf Fortbildungsveranstaltungen vor – mit dem Ergebnis, dass die Kolleginnen und Kollegen diese gerne selbst ausprobieren wollten. So entstand die Idee, unsere Stunden zusammenzutragen und zu veröffentlichen.

Prägnant für die Sternstunden sind die einfach umsetzbaren und dennoch komplexen Ideen, welche mit vielfältigen Differenzierungsmöglichkeiten dem breiten Spektrum unserer Kinder nachhaltige und motivierende Lernarrangements bieten. Der Gedanke des inklusiven Arbeitens ist uns ein Anliegen. Wir arbeiten seit Jahren mit unterschiedlichsten Kindern und Klassen zusammen.

Die Informationsseiten geben Ihnen einen raschen Überblick über die Lernziele der einzelnen Sternstunden, die benötigten Materialien und den Unterrichtsverlauf – vom gelungenen Einstieg bis zum stimmigen Abschluss. Die passenden Materialien, wie Arbeitsblätter, Bild- und Wortkarten und Bastelvorlagen, werden als Kopiervorlagen gleich mitgeliefert. Die Sternstunden sollen aber nicht als unveränderliche Einheiten gesehen werden. Sie bilden eine Ideensammlung, die, je nach der Disposition der eigenen Klasse, ausprobiert, abgeändert oder erweitert werden können, sodass die Lust am Unterrichten stets erhalten bleibt.

Die Methoden und Lernarrangements der Stunden sind im vorangestellten Methodenindex aufgeführt und erläutert.

Mit dem vorliegenden Band für das Fach Mathematik der 2. Jahrgangsstufe bieten wir Ihnen motivierendes und handlungsorientiertes Material für Ihren Mathematikunterricht, mit dem differenziertes Lernen möglich ist und das auch für inklusive Unterrichtssituationen ausgeweitet werden kann.

Die Sternstunden sind auch ideal geeignet für Vorführstunden.

Viel Freude und Erfolg für Sie und Ihre Kinder wünscht Ihnen das Autorenteam
Ulrike Gangkofer – Anna Muschielok – Ulrike Sauer – Stefan Zechmeister

Lernweg

Prinzip:

Die Arbeitsschritte für eine offene Arbeitsphase werden vorab besprochen und anhand von Bild- und Wortkarten an der Tafel fixiert. Die Methode eignet sich gut für Gruppenarbeit, aber auch für eine Kombination aus mehreren Sozialformen.

Vorgehen:

Im Unterrichtsgespräch werden wichtige Punkte zur Strukturierung der offenen Arbeitsphase thematisiert:

- Ablauf, Organisation
- Sozialformen
- Übungsinhalte
- Zeitdauer
- Schwierigkeitsgrade

Mithilfe von Wortkarten und/oder Bildkarten werden die Arbeitsschritte für alle sichtbar an der Tafel festgehalten.

„Die Suche“:
Gehe in der Gruppe zusammen und suche den Schatz nach der Anweisung.

„Das Training“:
Wenn du den Schatz gefunden hast, musst du den sichersten Rückweg herausfinden. Es gibt hierzu an der Lerntheke leichte, mittlere und schwere Aufgaben. Du kannst alleine oder mit einem Partnerkind arbeiten.

Wenn die Musik ertönt, räumst du deinen Platz auf und zeigst an, dass du zur Weiterarbeit bereit bist.

Vorteile:

- Förderung des selbstständigen und eigenverantwortlichen Lernens
- Die offene Arbeitsphase gibt der Lehrkraft Zeit für Fördermaßnahmen.

Nach der Arbeitsphase kann der Lernweg auch zur Reflexion verwendet werden.

→ Feedback am Lernweg:
Die Kinder kennzeichnen die Stellen des Lernwegs, die ihrem Ermessen nach entweder erfolgreich verlaufen sind bzw. einen großen Lernzugewinn oder eine große Lernfreude mit sich brachten, mit einem Post-it® in Form eines Daumens.
Die Stellen des Lernwegs, die mit Schwierigkeiten verbunden waren oder bei denen noch Unklarheiten bestehen, werden hingegen mit einem herkömmlichen (rechteckigen) Post-it® markiert.

Sandkasten

Prinzip:

Der Sandkasten ist ein dreidimensionales Lehr- und Arbeitsmittel, das die Kinder durch handlungsorientierte Methoden zum motivierten Sprechen und Schreiben führt und vielfältige Fördermöglichkeiten im Bereich der Sprache in sich birgt. Durch enaktives Tun werden die Kinder zu den ikonischen und symbolischen Stufen der Wissensvermittlung geführt.

Material:

- Behälter: Alle Arten von Wannen, Schubladen, Kartondeckeln eignen sich.
- Füllung: Spielplatzsand aus dem Baumarkt, Befeuchtung mit einer Blumenspritze.
- Färbung: Tafel- oder Staßenmalkreiden, die durch ein Teesieb gerieben werden.
  Tipp:
  - Jedes Kind hat ein Teesieb in seiner Kunstschachtel.
  - Von zu Hause Straßenmalkreiden mitbringen lassen.

Landschaftselemente:

- Naturmaterialien: Wurzeln, Pflanzen, Steine, Muscheln (gesäubert und trocken!), Zimtstangen, Nelken, Vanilleschoten, ...
- Aquariumsdekoration: Pflanzen, Truhen, Gebäude, ...
- Plastikpflanzen
- Modellbau
- Streichholzschachtelhäuser
- Eigenes Gestalten von Landschaftselementen:
  - mit Efa-Plast (tonähnliches Material, sofort bemalbar, lufttrocknend)
  - Tonpapierhäuser, -bäume
  - von den Kindern selbst gemalte/gebastelte Elemente

Figuren:

- Spielzeugfiguren: Schleich®-Figuren, Bully-Figuren, Lizenzfiguren (Star Wars, Avatar, Indiana Jones, Fluch der Karibik, Herr der Ringe, ...)
- Überraschungsei-Figuren
- selbst gemalte Figuren (laminiert und mit Klebestreifen an Zahnstochern befestigt)
- Kopien/Fotografien der Figuren (laminiert und mit Klebestreifen an Zahnstochern befestigt)

Requisiten:

- alte Gürtelschnallen
- kaputter Modeschmuck
- Knöpfe
- Goldtaler

Landschaftselemente, Figuren und Requisiten finden sich günstiger auf Flohmärkten, in Kinderzimmern oder auf eBay.

Gestaltung von Sandkästen:

1. Oberflächenformen (Seen, Berge, Täler) festlegen
2. Landschaft mit Kreide einfärben, die durch ein Teesieb gerieben wird
3. Landschaftselemente (Häuser, Bäume, ...) und Figuren hineinsetzen

Organisations- und Sozialformen:

a)

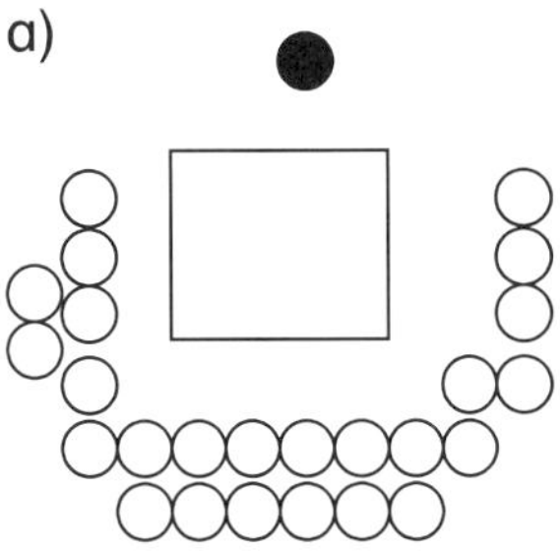

Medium: 1 großer Sandkasten
Organisation: Die Kinder sitzen im Doppelkreis (1 Reihe sitzt, 1 Reihe Kniestand oder steht) um den Sandkasten.
Sozialform: Frontalunterricht
Didaktischer Ort: Einstimmung/Demonstration/Zusammenfassung/Rückbesinnung/Differenzierung im Hauptteil
Beispiel: Daheim ist daheim; Im Land der Körperformen

b)

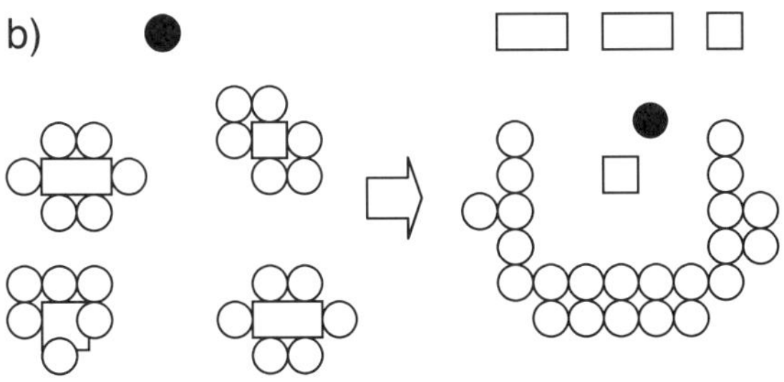

Medium: Mehrere kleine „Gruppensandkästen"
Organisation: Jede Gruppe löst einen Auftrag/Teilaspekt (differenzierte Arbeitsanleitungen: basteln, schreiben, bauen, …). Die Ergebnisse werden im Plenum präsentiert.
Sozialform: Gruppenarbeit
Didaktischer Ort: Erarbeitung
Beispiel: Ansichtssache – Einen Freizeitpark bauen und Rätsel lösen

c)

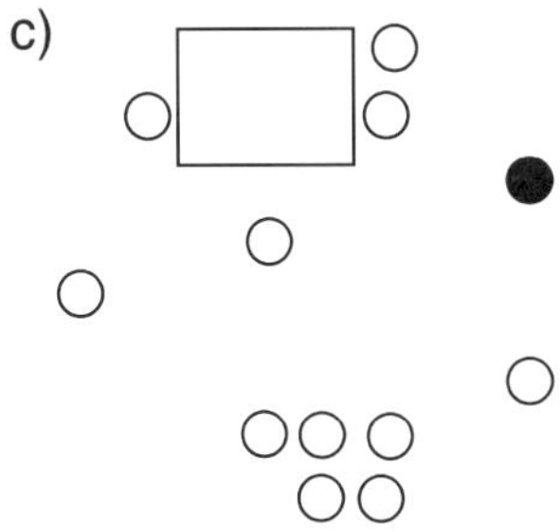

Medium: 1 Sandkasten als Teilmedium neben anderen
Organisation: Die Kinder erarbeiten in Gruppen mit unterschiedlichen Medien (Sandkasten, Fotos etc.) Inhalte. Zusammenfassung: Expertenkinder berichten
Sozialform: Arbeits- und medienteilige Gruppenarbeit/Soziale Differenzierung
Didaktischer Ort: Erarbeitung/Zusammenfassung

Wissensschatz

Mithilfe einer Visualisierungsmethode (Bildkarte „Wissensschatz") beurteilen die Schüler am Ende einer Unterrichtsstunde/einer Sequenz, worin sie ihren größten Lernzuwachs sehen.

Vorgehen:

Die Kinder notieren ihren Lernzuwachs auf einem Post-it®. Passend zur Visualisierung des Wissensschatzes als Bildkarte eignen sich zur Notation des Lernzuwachses gelbe, runde Post-its®, die Goldmünzen ähneln. Die Post-its® werden an der Bildkarte angebracht. Einige der Post-its® werden vorgelesen und dienen als Impuls für die weitere Reflexion.

Ziele:

- Auseinandersetzung mit dem eigenen Lernen
- Reflexion über den eigenen Lernfortschritt als Teil eines kompetenzorientierten Unterrichts
- Reflexion über den Lernzuwachs anderer

Wir helfen Paule und finden die Nachbarzehner

Besonderheiten der Stunde:

In dieser Sternstunde werden die Nachbarzehner einer Zahl, eingebettet in eine spannende Rahmengeschichte, eingeführt.

Grobziel:

Einführen der Nachbarzehner einer Zahl

Feinziele/Kompetenzen:

- sich im Zahlenraum bis 100 orientieren
- Beziehungen zwischen Zahlen anhand des Zahlenstrahls begründen

Voraussetzungen:

Die Kinder kennen die Zahlen bis 100 und können sich auf dem Zahlenstrahl bis 100 orientieren. Auch sollten die Kinder die Einernachbarn einer Zahl ermitteln können und mit der Partnerarbeit sowie der Arbeit an einer Lerntheke vertraut sein.

Material:

Lehrerin[1]*:*

- Bildkarte „Paule“ (KV 1)
- CD/Tonspur mit aufgenommenen Hörspielen oder die Texte als Lesetexte (KV 2–KV 4)
- Sirenengeräusche (Polizei) auf CD oder als Tonspur aus dem Internet
- evtl. CD-Player
- Spielzeug-Polizeiauto
- farbige Kreide
- Bildkarten „Verdächtige“ (KV 5)
- Hinweise der Nachbarzehner (KV 6)
- Folie mit Rätsel (KV 7) und Overheadprojektor
- Bildkarten „Lernweg“ (KV 8)
- Laufzettel für die Lerntheke (KV 9)
- Lernthekenaufgaben (KV 10, 11, 13, 14, 16, 18, 20)
- Lösungen für die Lernthekenaufgaben (KV 12, 15, 17, 19)
- ca. sechs Würfel
- Bildkarte „Gefängnis“ (KV 21) auf Folie
- Bildkarte „Polizeimarke“ (KV 22)
- Bildkarte „Wissensschatz“ (KV 23)
- Post-its®

Kinder:

- Folienstift
- Zahlenstrahl
- Bleistift
- Block

[1] Aufgrund der besseren Lesbarkeit ist in diesem Buch mit Lehrerin auch immer Lehrer gemeint, ebenso verhält es sich mit Schüler und Schülerin etc.

Vorbereitung:

- ✶ Tafelbilder „Polizeiprüfung“ und „Zahlenhausen 1“ malen (Tipp: Für das Tafelbild „Zahlenhausen“ einen Zahlenstrahl aus Papier oder Kunststoff nutzen, damit sich dieser deutlich vom Tafelbild abhebt und den Kindern eine Orientierung darauf leichter fällt.)
- ✶ Bildkarte „Paule“ (KV 1) vergrößert kopieren, bei Bedarf anmalen und laminieren
- ✶ Hörspieltexte 1 bis 3 (KV 2–KV 4) auf CD oder als Tonspur aufnehmen oder kopieren, um sie vorzulesen
- ✶ Polizeisirene auf CD aufnehmen oder mit dem Handy als Tonspur aus dem Internet abspielen
- ✶ Spielzeug-Polizeiauto mitbringen
- ✶ Bildkarten „Verdächtige“ (KV 5) vergrößert kopieren, bei Bedarf anmalen und laminieren
- ✶ Aus Tonpapier sechs Türen für das Tafelbild „Zahlenhausen“ ausschneiden. Hinweise der Nachbarzehner (KV 6) auf die Innenseite kleben und die Türen in den Häusern (Tafelbild „Zahlenhausen“) befestigen, sodass beim Öffnen einer Tür jeweils ein Hinweis zum Vorschein kommt.
- ✶ Rätsel (KV 7) auf Folie kopieren und dieses ins Tafelbild hinter die Tür des Hauses Nr. 30 kleben, später kann es auf dem Overheadprojektor gelöst werden
- ✶ Bildkarten „Lernweg“ (KV 8) vergrößert kopieren, bei Bedarf anmalen und laminieren
- ✶ Laufzettel für die Lerntheke (KV 9) im Klassensatz kopieren
- ✶ Lernthekenaufgaben (KV 10, 11, 13, 14, 16, 18, 20) entsprechend der Klassengröße jeweils etwa sechsmal kopieren, zuschneiden und laminieren, bei der Klammerkarte die Lösungen auf der Rückseite durch farbige Punkte markieren
- ✶ Schwierigkeitsgrad der Lernthekenaufgaben kennzeichnen (angepasst an den individuellen Leistungsstand der Klasse)
- ✶ Lösungen zur Selbstkontrolle (KV 12, 15, 17, 19) kopieren und im Klassenzimmer verteilen
- ✶ ca. sechs Würfel und Zahlenstrahl im Klassensatz für die Lerntheke bereitlegen
- ✶ Bildkarte „Gefängnis“ (KV 21) vergrößert auf Folie kopieren, sodass diese über eine „Verdächtige“-Bildkarte (KV 5) gehängt werden kann
- ✶ Bildkarte „Polizeimarke“ (KV 22) kopieren, bei Bedarf anmalen und laminieren
- ✶ Post-its® bereitlegen
- ✶ Bildkarte „Wissensschatz“ (KV 23) kopieren, bei Bedarf anmalen und laminieren
- ✶ evtl. CD-Player bereitstellen

Unterrichtsverlauf:

Phase	Durchführung	Material/Sozialform
Einstieg	Zu Beginn der Stunde wird den Kindern ein stummer Impuls (Tafelbild „Polizeiprüfung“) präsentiert. → Die Kinder äußern sich frei zum Gesehenen.	Tafel, Tafelbild „Polizeiprüfung“ (außen), Bildkarte „Paule“ (KV 1)
	Ein Hörspiel wird abgespielt oder die Lehrerin liest den Hörspieltext vor: Paule macht in der Polizeischule seine Polizeiprüfung und versteht die Aufgaben an der Tafel nicht. → Die Kinder äußern sich frei zur Situation und fassen im Gespräch den Entschluss: Wir helfen Paule!	Hörspieltext 1 (KV 2) als Hörspiel oder Lesetext, evtl. CD-Player
Kopfrechnen/ Aktivierung des Vorwissens	Nun werden gemeinsam mündlich die Aufgaben an der Tafel mit Einer-Vorgängern und Einer-Nachfolgern gelöst. Die Kinder sagen Paule die Ergebnisse an.	Tafel, Tafelbild „Polizeiprüfung“, Unterrichtsgespräch

Phase	Durchführung	Material/Sozialform
	Ein weiteres Hörspiel wird abgespielt oder die Lehrerin liest den Hörspieltext vor: Paule bedankt sich bei der Klasse für die Hilfe und nimmt sie auf seinen ersten Einsatz mit. *(Die Bildkarte „Paule“ (KV 1) wird vom Tafelbild „Polizeiprüfung“ (außen) in das Tafelbild „Zahlenhausen 1“ (innen) gehängt.)*	Hörspieltext 2 (KV 3) als Hörspiel oder Lesetext, evtl. CD-Player, Spielzeugauto, Tonspur: Polizeisirene
	Im Unterrichtsgespräch wird das Hörspiel/der Hörspieltext zusammengefasst. Die Zahl 43 wird gemeinsam auf dem Zahlenstrahl gefunden. Die Zahl und das Haus, in dem eingebrochen wurde, werden farbig markiert.	Kinokreis, Tafel, Tafelbild „Zahlenhausen 1“, Unterrichtsgespräch, farbige Kreide
Problemstellung	Ein letztes Hörspiel wird abgespielt oder die Lehrerin liest den Hörspieltext vor: Paule erhält einen Anruf seines Chefs, dass bereits sechs Verdächtige festgenommen wurden. Paule soll nun die Nachbarzehner des Hauses mit der Hausnummer 43 befragen. Er weiß aber nicht, was Nachbarzehner sind.	Hörspieltext 3 (KV 4) als Hörspiel oder Lesetext, evtl. CD-Player, Tafel, Tafelanschrieb „Verdächtige“, Bildkarten „Verdächtige“ (KV 5), Tafelbild „Zahlenhausen 2“
Zielangabe 1	Die Lehrerin gibt die Zielangabe bekannt: Wir helfen Paule und finden heraus, was Nachbarzehner sind!	Tafel, Tafelanschrieb
Regelerarbeitung	Gemeinsam sammeln die Schüler Vermutungen auf dem Marktplatz: ✶ Es müssen Zehnerzahlen sein (Aufzählen der Zehnerzahlen und Zeigen am Zahlenstrahl). ✶ Bei den Nachbarzehnern muss es genauso wie bei den Einernachbarn einen Vorgänger und einen Nachfolger geben. ✶ Der Zehner-Vorgänger ist die Zehnerzahl, die vor der Zahl steht, der Zehner-Nachfolger ist die Zehnerzahl, die nach der Zahl steht.	Marktplatz, Unterrichtsgespräch, Tafel, Tafelbild „Zahlenhausen 2“ (Tabelle Zehner-Vorgänger und Zehner-Nachfolger)
	Gemeinsame Übertragung der Überlegungen auf das Beispiel der Zahl 43. ✶ <u>Visualisierung:</u> Abfahren des Zahlenstrahls mit dem Spielzeugauto vom Startpunkt 43 aus bis zu den Nachbarzehnern (Kinder rufen „Stop!“).	Unterrichtsgespräch, Tafel, Tafelbild „Zahlenhausen 1“, Spielzeugauto
	✶ Paule befragt die Hausbesitzer: Die Haustüren mit den Hinweisen werden aufgeklappt. Verdächtige werden entsprechend der Hinweise gestrichen. Zum Schluss bleiben zwei Verdächtige übrig.	Bildkarten „Verdächtige“ (KV 5), Hinweise der Nachbarzehner (KV 6)
	Der letzte Hinweis ist in einem Nachbarzehner-Rätsel versteckt. Paule befürchtet aber, dass er beim Lösen einen Fehler macht und deswegen der Falsche ins Gefängnis kommt.	Hinweise der Nachbarzehner (KV 6), Rätsel auf Folie (KV 7), Tafel, Tafelbild „Zahlenhausen 2“, Spielzeugauto

Phase	Durchführung	Material/Sozialform
Zielangabe 2	Gemeinsam wird der Entschluss gefasst: Wir üben mit Paule die Nachbarzehner zu bestimmen. *Je nach Leistungsstand der Klasse können vor der Arbeit an der Lerntheke noch weitere Beispiele für Nachbarzehner am Zahlenstrahl erarbeitet werden.*	Unterrichtsgespräch
Lernweg	Gemeinsam wird der Lernweg besprochen und die Bildkarten werden an der Tafel fixiert.	Tafel, Bildkarten „Lernweg" (KV 8)
aktive Übungsphase	Die Schüler arbeiten selbstständig an der vorbereiteten Lerntheke. Durch die ausgehängten Lösungen ist Selbstkontrolle möglich.	Lerntheke, Einzelarbeit/Partnerarbeit, Laufzettel für die Lerntheke (KV 9), Lernthekenaufgaben (KV 10, 11, 13, 14, 16, 18, 20), Lösungen zu den Lernthekenaufgaben (KV 12, 15, 17, 19), Zahlenstrahl im Klassensatz, Würfel
Differenzierung/ Inklusion	*Qualitative Differenzierung:* ✶ Die Lehrerin arbeitet mit leistungsschwachen Kindern an der Tafel mit dem großen Zahlenstrahl und dem Spielzeugauto. ✶ Leistungsstarke Kinder arbeiten ohne Zahlenstrahl und/oder wählen schwierigere Aufgaben. *Quantitative Differenzierung/Inklusion:* ✶ Fertige Kinder denken sich selbst Zehnernachbar-Aufgaben aus. ✶ Fertige Kinder lösen die selbst ausgedachten Aufgaben ihrer Mitschüler.	Zahlenstrahl, Tafel, Spielzeugauto
	Das Abspielen einer Polizeisirene mit dem Handy oder von CD beendet die Handlungsphase.	Tonspur (Internet), Handy oder CD mit Polizeisirene, evtl. CD-Player
Sicherung	Gemeinsam werden eventuell aufgetretene Probleme bei den Aufgaben der Lerntheke besprochen.	Kinokreis, Unterrichtsgespräch
Rätsel	Das Rätsel wird auf Folie betrachtet und gelöst. Der Dieb wird überführt und ins Gefängnis gebracht. Die Bildkarte „Gefängnis" auf Folie wird über den Dieb gehängt.	Tafel, Tafelbild, Rätsel auf Folie (KV 7), Overheadprojektor, Bildkarte „Gefängnis" auf Folie (KV 21)
Lehrererzählung	Die Lehrerin erzählt den Kindern: Paule hat die Prüfung bestanden und ist nun Polizist. Er erhält seine Polizeimarke (Polizeimarke an der Tafel zu Paule hängen). Abschließend bedankt sich Paule bei den Kindern für ihre Hilfe.	Tafel, Bildkarte „Polizeimarke" (KV 22)
Feedback	Die Kinder reflektieren ihr Lernen mit der Methode „Feedback am Lernweg" und ihren Lernzuwachs mit der Methode „Wissensschatz" (siehe Methodenindex).	Bildkarten „Lernweg" (KV 8), Tafel, Post-its®, Bildkarte „Wissensschatz" (KV 23)

Tafelbilder:

außen:

Tafelbild Zahlenausen 1 (innen):

Tafelbild Zahlenausen 2 (innen):

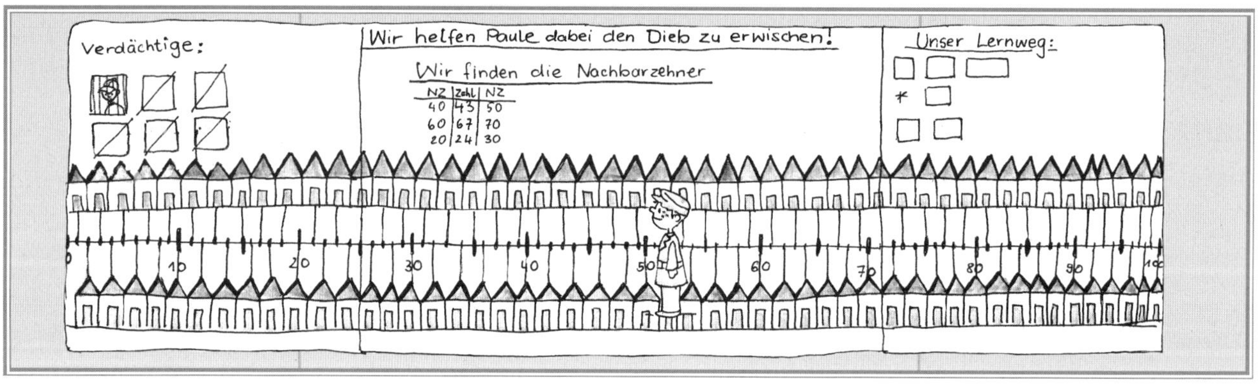

Lernweg:

   3

Arbeite allein oder mit einem Partnerkind an der Lerntheke. Benutze deinen Zahlenstrahl. Du findest in der Lerntheke einfachere und knifflige Aufgaben – schätze dich selbst ein und wähle die richtigen Aufgaben für dich. Du solltest mindestens drei Aufgaben schaffen.

 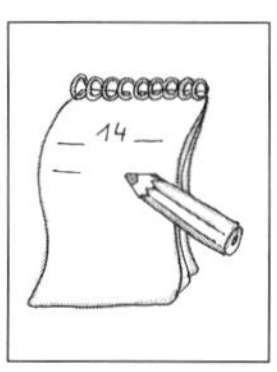

Falls du früher fertig bist, darfst du dir selbst Nachbarzehner-Aufgaben ausdenken und auf deinen Block schreiben. Bestimmt findest du ein anderes Kind, das schon fertig ist, und dein Blatt lösen möchte.

Wenn du die Polizeisirene hörst, kommst du in den Kinokreis. Falls du bei einer Aufgabe der Lerntheke Probleme hattest, bringst du diese mit.

Bildkarte „Paule" KV 1

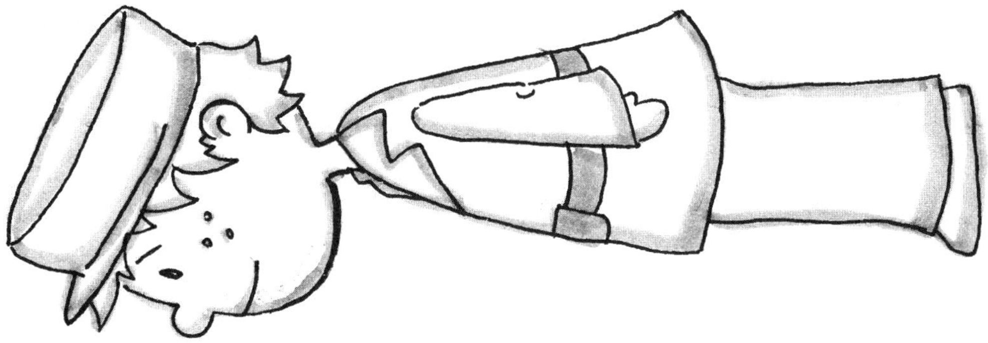

Hörspieltext 1 KV 2

Hallo liebe Kinder!
Ich heiße Paule und mache gerade meine Polizeiprüfung. Doch leider bin ich so aufgeregt, dass ich diese Aufgaben an der Tafel gar nicht verstehe. Oje! Hoffentlich schaffe ich das irgendwie!

Hörspieltext 2 KV 3

Vielen Dank für eure Hilfe! Zum Glück habe ich den ersten Teil der Polizeiprüfung bestanden! Ich freue mich so! Nun kommt aber der zweite Teil der Prüfung! (*Telefon klingelt*) Hallo Chef! Oh? Ein Einbruch in Zahlenhausen? In der Hausnummer 43 in der Hunderter-Straße? Ja, ich komme sofort! Kinder, ich bin so aufgeregt! Kommt ihr mit? Dann steigt in das Polizeiauto!

Hörspieltext 3 KV 4

(*Telefon klingelt*) Hallo Chef! Ach, es wurden schon sechs Verdächtige festgenommen? Und es waren zur Tatzeit nur die Nachbarzehner des Hauses mit der Hausnummer 43 daheim? Diese ääh … Nachbarzehner soll ich befragen, ob sie die Einbrecher gesehen haben? Ok, wird gemacht, Chef!
Oh, Kinder … ich weiß doch gar nicht, was „Nachbarzehner" sind!

Bildkarten „Verdächtige“

Haus-Nr. (40):

„**Der Einbrecher war ein Mann!** Frage aber noch die **Nachbarzehner des Hauses 67**. Die kamen wohl zur Tatzeit gerade von ihrem täglichen Spaziergang nach Hause."

Haus-Nr. (70):

„**Der Einbrecher hat keine Glatze!**"

Haus-Nr. (50):

„**Der Einbrecher hat keinen Bart!** Frage aber noch die **Nachbarzehner des Hauses 24**. Die kamen wohl zur Tatzeit gerade vom Joggen nach Hause."

Haus-Nr. (20):

„**Der Einbrecher hat eine Narbe!**"

Haus-Nr. (60):

„**Der Einbrecher hat keine Brille!**"

Haus-Nr. (30):

„Ich habe zwar etwas gesehen, aber um das zu erfahren, musst du ein **Nachbarzehner-Rätsel lösen!**"

Anmerkung für die Lehrerin: Hinweise der Nachbarzehner (jeweils einen) in eine Nachbarzehner-Tür kleben.

Rätsel

Der Einbrecher hat eine:

____ ____ ____ ____ ____ ____ ____ ____!

____ **69** ____

____ **35** ____

____ **16** ____

____ **97** ____

30 = **A**	70 = **L**
90 = **N**	100 = **E**
40 = **Ü**	60 = **Z**
20 = **CK**	10 = **H**

Lösung:

Z = 60	**69**	70 = **L**
A = 30	**35**	40 = **Ü**
H = 10	**16**	20 = **CK**
N = 90	**97**	100 = **E**

Der Einbrecher hat eine **ZAHNLÜCKE!**

Bildkarten „Lernweg“

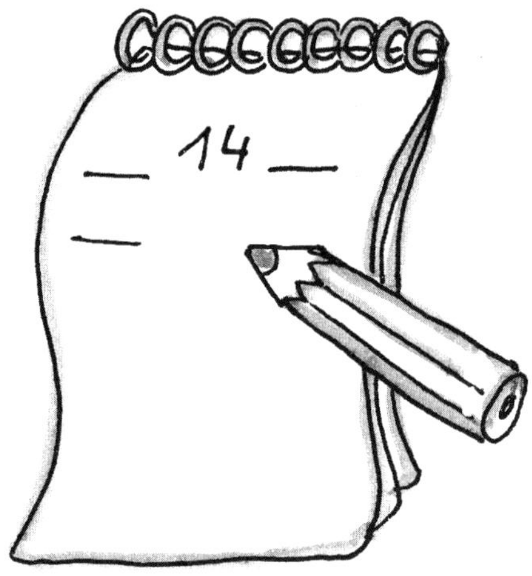

Mein Laufzettel

Name: ______________________________

1. Starteraufgabe: Finde die Nachbarzehner und schreibe sie in die Sterne!

☆ **76** ☆	☆ **13** ☆	☆ **32** ☆
☆ **49** ☆	☆ **87** ☆	☆ **54** ☆

2. Markiere die Aufgaben, die du erledigt hast, mit einem Häkchen!

	erledigt	So konnte ich die Aufgabe lösen:
Aufgabe 1 Würfelstation		☺ 😐 ☹
Aufgabe 2 Polizei-Nachbarn		☺ 😐 ☹
Aufgabe 3 Klammerkarte		☺ 😐 ☹
Aufgabe 4 Nachbarzehner entflohen!		☺ 😐 ☹
Aufgabe 5 Trepp auf, Trepp ab!		☺ 😐 ☹
Aufgabe 6 Knobeln für Polizisten!		☺ 😐 ☹
Aufgabe 7 Die gestohlenen Zahlen!		☺ 😐 ☹

KV 10

Lernthekenaufgabe 1

Würfelstation

Suche dir einen Partner. Ihr braucht für diese Aufgabe einen Würfel. Jeder würfelt einmal. Setzt die Ziffern zu einer Zahl zusammen (z. B. wenn eine 3 und eine 6 gewürfelt werden, ergibt das 36). Findet dann die Nachbarzehner!
Findet die Nachbarzehner von <u>sechs</u> Zahlen.

KV 11

Lernthekenaufgabe 2

Polizei-Nachbarn

Wie heißen die **Nachbarzehner**?

___  ___

___  ___

___  ___

___  ___

___  ___

___  ___

___  ___

___  ___

___  ___

Lösung: Polizei-Nachbarn

Wie heißen die **Nachbarzehner**?

20  30

80  90

60  70

10  20

30  40

10  20

10  20

30  40

70  80

Klammerkarte

Finde die richtigen **Nachbarzehner** und markiere sie mit einer Klammer!

14 ______ 20			10 ______ 30
1 ______ 30	**15**	**19**	20 ______ 30
10 ______ 20			10 ______ 20

20 ______ 30			20 ______ 40
19 ______ 30	**21**	**36**	30 ______ 40
10 ______ 20			30 ______ 50

30 ______ 50			50 ______ 60
43 ______ 45	**44**	**57**	50 ______ 70
40 ______ 50			60 ______ 70

60 ______ 80			78 ______ 80
55 75	**62**	**79**	70 ______ 80
60 ______ 70			60 ______ 80

70 ______ 90			90 ______ 100
75 ______ 95	**83**	**98**	80 ______ 90
80 ______ 90			90 ______ 110

Lernthekenaufgabe 4 KV 14

Narchbarzehner entflohen!

Finde die **Nachbarzehner**!

___ 48 ___	___ 16 ___	___ 81 ___
___ 22 ___	___ 67 ___	___ 15 ___
___ 98 ___	___ 95 ___	___ 31 ___
___ 54 ___	___ 49 ___	___ 43 ___

Lernthekenaufgabe 4: Lösung KV 15

Lösung: Narchbarzehner entflohen!

Finde die **Nachbarzehner**!

40 48 50	10 16 20	80 81 90
20 22 30	60 67 70	10 15 20
90 98 100	90 95 100	30 31 40
50 54 60	40 49 50	40 43 50

KV 16 Lernthekenaufgabe 5

Trepp auf, Trepp ab!

Finde die **Nachbarzehner**!

NZ		NZ	NZ		NZ
	16			31	
	88			72	
	27			51	

KV 17 Lernthekenaufgabe 5: Lösung

Lösung: Trepp auf, Trepp ab!

Finde die **Nachbarzehner**!

NZ		NZ	NZ		NZ
10	16	20	30	31	40
80	88	90	70	72	80
20	27	30	50	51	60

Lernthekenaufgabe 6 KV 18

Knobeln für Polizisten!

Hier sind nicht nur die **Nachbarzehner (NZ)** gesucht!
Finde auch **Nachbareiner (NE)** und die **Zahl (Z)** selbst!

NZ	NE	Zahl	NE	NZ
		27		
	44			
			15	
		82		
	95			

Lernthekenaufgabe 6: Lösung KV 19

Lösung: Knobeln für Polizisten!

Hier sind nicht nur die **Nachbarzehner (NZ)** gesucht!
Finde auch **Nachbareiner (NE)** und die **Zahl (Z)** selbst!

NZ	NE	Zahl	NE	NZ
20	26	27	28	30
40	44	45	46	50
10	13	14	15	20
80	81	82	83	90
90	95	96	97	100

Lernthekenaufgabe 7

Die gestohlenen Zahlen!

Hier hat der Dieb die Zahlen gestohlen. Welche könnten es sein? Es gibt pro Aufgabe mehrere Lösungen, schreibe aber nur eine davon auf!

NZ	Zahl	NZ
10		20
80		90
50		60
20		30
40		50

NZ	Zahl	NZ
30		40
90		100
70		80
60		70

KV 21

Bildkarte „Gefängnis“

Anmerkung für die Lehrerin: Bitte diese Bildkarte auf Folie kopieren, sie wird im Tafelbild über den „Täter“ gehängt.

POLIZEI
P

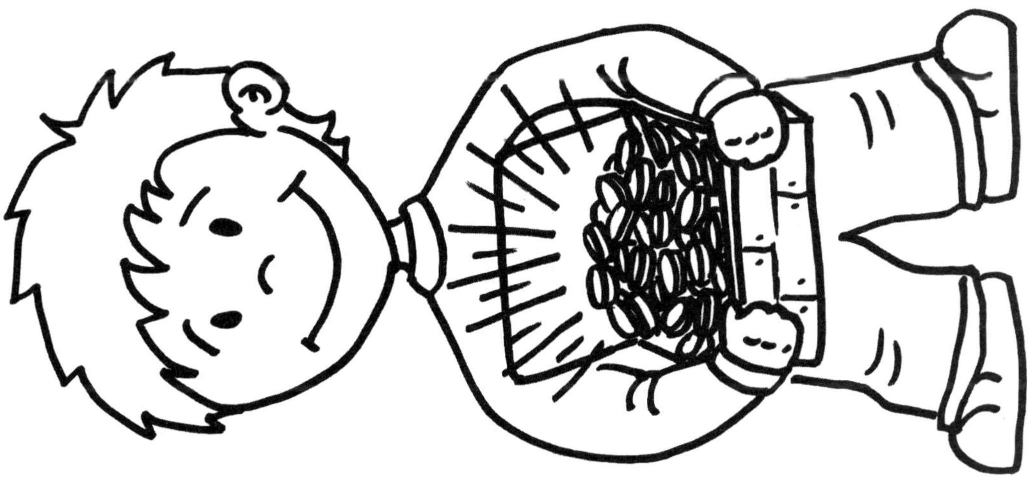

Daheim ist daheim

Besonderheiten der Stunde:

Die Kinder lernen handelnd über den Einsatz des Sandkastens und Foto-Zahnstocherfiguren ihr eigenes Schulviertel kennen und verinnerlichen Lagebeziehungen und -begriffe anhand ihres eigenen Umfelds.

Grobziel:

Orientieren im Raum/Schulviertel

Feinziele/Kompetenzen:

- die Lagebegriffe *links/rechts*, *neben*, *zwischen*, *oben/unten*, *vor/hinter*, *über/unter*, *auf/unter* und *hinten/vorne* verwenden, um die Lage von Gegenständen bezüglich des eigenen Körpers und Lagebeziehungen von Gegenständen im Raum treffend zu beschreiben
- nachvollziehbar den Verlauf von Wegen aus dem Schulviertel beschreiben und Wege nach Anweisung sowohl handelnd als auch in der Vorstellung verfolgen
- praktisch und in der Vorstellung verschiedene Perspektiven einnehmen, um Ansichten und Lagebeziehungen (*von vorne, von hinten, von links, von rechts, von oben, von unten*) zu beschreiben

Voraussetzungen:

Es sollte ein Unterrichtsgang im Schulviertel durchgeführt werden. Auch sollten Fotografien wichtiger markanter Punkte im Schulviertel in der Vorstunde erstellt werden.

Material:

Lehrerin:	*Kinder:*
✶ Beamer, Laptop oder interaktive Tafel, alternativ: Abzüge der Fotografien aus dem Schulviertel ✶ Sandkasten ✶ Vorbereitung des Sandkastens (KV 1) ✶ Schilder im Schulviertel (KV 2) ✶ weiteres (Bild-)Material (z. B. Kirchen, Krankenhäuser, Büchereien etc.) aus dem Internet in passender Größe ausdrucken ✶ Wortkarten „Lagebegriffe“ (KV 3) ✶ Bildkarten „Lernweg“ (KV 4) ✶ kleine Kärtchen (für Fähnchen) aus Tonpapier ✶ Satzstarter (KV 5) ✶ Kartei mit Orientierungsübungen (Beispiel) (KV 6) ✶ Knetmasse, Zahnstocher, Klebefilm ✶ Digitalkamera ✶ evtl. Drucker und Laminiergerät ✶ Stadt- bzw. Ortsplan ✶ CD-Player ✶ CD mit Aufräummusik (beliebig wählbar)	✶ Federmäppchen

Vorbereitung:

- ✶ Beamer, Laptop oder interaktive Tafel im Klassenzimmer vorbereiten, sodass Bilder aus dem Schulviertel gezeigt werden können oder alternativ Abzüge der Fotografien aus dem Schulviertel mitbringen
- ✶ Sandkasten vorbereiten, dazu Vorbereitung des Sandkastens (KV 1) nutzen
- ✶ Schilder im Schulviertel (KV 2) kopieren und entsprechend vorbereiten, Straßenschilder für die Kinder in entsprechender Anzahl vorbereiten
- ✶ Wortkarten „Lagebegriffe“ (KV 3) vergrößert kopieren, bei Bedarf laminieren
- ✶ Sandkastenmaterial in einem Schächtelchen bereitlegen (Schilder im Schulviertel (KV 2), Maibaum, Fotos etc.)
- ✶ weiteres (Bild-)Material (z. B. Kirchen, Krankenhäuser, Büchereien etc.) aus dem Internet in passender Größe ausdrucken
- ✶ kleine Kärtchen aus Tonpapier für die Straßennamen vorbereiten
- ✶ Bildkarten „Lernweg“ (KV 4) vergrößert kopieren, anmalen und laminieren
- ✶ Satzstarter (KV 5) vergrößert kopieren, bei Bedarf laminieren
- ✶ Kartei mit Orientierungsübungen (Beispiel) (KV 6) zur Ansicht für die Kinder kopieren, bei Bedarf laminieren
- ✶ Stadt- bzw. Ortsplan zur Differenzierung bereitlegen
- ✶ Knetmasse, Zahnstocher und Klebefilm in ausreichender Menge mitbringen
- ✶ evtl. Digitalkamera, Drucker und Laminiergerät bereitstellen
- ✶ CD-Player und CD mit Aufräummusik (beliebig wählbar) bereitstellen

Unterrichtsverlauf:

Phase	**Durchführung**	**Material/Sozialform**
Anknüpfung an die Vorstunde	In der Vorstunde werden Fotografien vom Schulviertel erstellt. Zu Beginn der Stunde betrachten die Kinder nun diese Aufnahmen, die das Schulviertel zeigen. Gemeinsam werden die Fotografien besprochen und Besonderheiten des Schulviertels herausgestellt: ✶ markante Gebäude ✶ wichtige Kreuzungen ✶ Hauptstraßen ✶ Besonderheiten Konkretisierung: All diese Aufnahmen haben eine Gemeinsamkeit. Sie wurden in unserem Schulviertel erstellt. Die Lehrerin fasst zusammen: Hier leben wir alle/sind wir daheim.	Beamer, Laptop oder interaktive Tafel, (alternativ: Abzüge von digitalen Aufnahmen) Unterrichtsgespräch
Zielangabe	Die Lehrerin gibt die Zielangabe bekannt und schreibt sie an die Tafel: Wir betrachten unser Schulviertel (...)!	Tafel, Tafelanschrieb
Hinführung	Um den Sandkasten wird ein doppelter Sitzkreis gebildet. Die Lehrerin deckt das Modell des Schulviertels auf, das sie im Sandkasten vorbereitet hat.	Sandkasten und Vorbereitung des Sandkastens (KV 1), doppelter Halbkreis
erweiterte Zielangabe	Der Tafelanschrieb wird ergänzt: (...) als Sandkastenmodell	Tafel, Tafelanschrieb

Phase	Durchführung	Material/Sozialform
Erarbeitung 1	Die Kinder verorten markante Punkte und Namen des Schulviertels im Sandkastenmodell. Die Kinder äußern sich frei am Sandkasten zum Modell: ✶ Sie erkennen markante Punkte/Gebäude wieder und benennen sie. ✶ Sie benennen wichtige Hauptstraßen, evtl. U-Bahn-Stationen etc. Alle genannten Punkte, Straßen etc. werden mittels Fähnchen und Symbolen begleitend im Sandkasten verortet. Hierbei verwenden die Schüler die Lagebegriffe *links/rechts, neben, zwischen, oben/ unten, vor/hinter, über/unter, auf/unter* und *hinten/vorne*. Dazu werden begleitend die Wortkarten an der Tafel angebracht.	Fähnchen mit Straßenschildern etc. – Schilder im Schulviertel (KV 2), Bildmaterial entsprechend der örtlichen Gegebenheiten (Maibaum, Rathaus, Kirche etc.) Unterrichtsgespräch, Tafel, Wortkarten „Lagebegriffe“ (KV 3)
Erarbeitung 2	Die Kinder verorten nun ihre eigene Adresse im Sandkastenmodell. Es folgt ein durch die Lehrerin gelenktes Unterrichtsgespräch: ✶ Wo bist du daheim/Wo steht dein Wohnhaus? ✶ Thematisieren besonderer Merkmale der Häuser im Schulviertel: – Mietshaus, Einfamilienhaus, Doppelhaushälfte, Hof etc. – Besprechen der Größenverhältnisse (z. B. im Vergleich zur Kirche)	Sandkasten, Unterrichtsgespräch
Erarbeitung 3	Der Lernweg wird formuliert und die Bildkarten werden an der Tafel fixiert. Die Kinder gestalten nun ihr eigenes Wohnhaus und verorten es richtig im Sandkastenmodell. Die Kinder gestalten ihre Wohnhäuser in Einzelarbeit: ✶ Festlegen einer Standardgröße: Einfamilienhaus = Daumennagelgröße, Mietshaus mit sechs Stockwerken = Daumenhöhe ✶ Die Kinder ritzen ihre Hausnummer mit einem Zahnstocher ein. Die Kinder legen Straßenschilder mit ihrem Straßennamen in den Sandkasten und setzen ihre Häuser dazu.	Tafel, Bildkarten „Lernweg“ (KV 4) Einzelarbeit, Knetmasse, Zahnstocher Sandkasten, Arbeitsergebnisse der Kinder, Kärtchen aus Tonpapier

Phase	Durchführung	Material/Sozialform
Differenzierung/ Inklusion	✶ Schnelle Kinder dürfen weitere Gebäude im Schulviertel gestalten (z. B. Bücherei). ✶ An die Stirnseite des Knethäuschens kann jeweils ein Foto des Kindes gestellt werden. ✶ Verorten von Fotofähnchen mit Abbildungen besonderer Gebäude/Gegebenheiten. ✶ Ein Vergleich mit dem Stadtplan/Ortsplan kann durchgeführt werden.	Fotofähnchen Stadtplan/Ortsplan
Reflexion	Nach dem Abspielen der Aufräummusik treffen sich die Kinder im Sitzkreis. Gemeinsam wird das Modell betrachtet und Bekanntes („Toni ist mein Nachbar.“) und Erkenntnisse („Ulli wohnt ja ganz nahe bei Toni.“) werden versprachlicht.	Sitzkreis, CD-Player, CD mit Aufräummusik (beliebig wählbar), Sandkasten, Unterrichtsgespräch
Anwendung	<u>Konkretisierung:</u> ✶ Die Schüler verwenden bei der Versprachlichung gezielt die Lagebegriffe. ✶ Der eigene Schulweg wird versprachlicht. ✶ Es findet eine Versprachlichung wichtiger räumlicher Gegebenheiten (Ampel, Kreuzung, Fußweg, Zebrastreifen etc.) statt.	Sandkasten, Satzstarter (KV 5)
Transfer	Die Lehrerin nimmt Bezug auf den Begriff „Daheim ist daheim“! Erwartete Inhalte sind hier: ✶ Wenn wir uns in unserem Stadtviertel auskennen, entsteht der Bezug zur Heimat, zum „Daheimsein“. ✶ Ich kann mich sicher orientieren. ✶ Ich kann anderen beschreiben, wo ich wohne.	Tafel, Tafelanschrieb Unterrichtsgespräch
Tipp	Die Kinder können mit Jacken und Schultaschen fotografiert werden. Es folgt eine Anfertigung von kleinen Bildern, die laminiert und mit Klebefilm auf Zahnstocher geklebt werden. Die Kinder können so den Schulweg wesentlich besser versprachlichen.	Digitalkamera, Zahnstocher, Klebefilm, evtl. Drucker und Laminiergerät
weiterführende Ideen	Folgende weiterführende Ideen können sich an die Stunde anschließen: ✶ Das Modell wird von oben fotografiert. ✶ Ein Arbeitsblatt des Modells aus der Vogelperspektive wird angelegt. ✶ Anlegen einer Kartei mit Orientierungsübungen (diese wird von den Kindern gestaltet).	Kartei mit Orientierungsübungen (Beispiel) (KV 6)

Tafelbild:

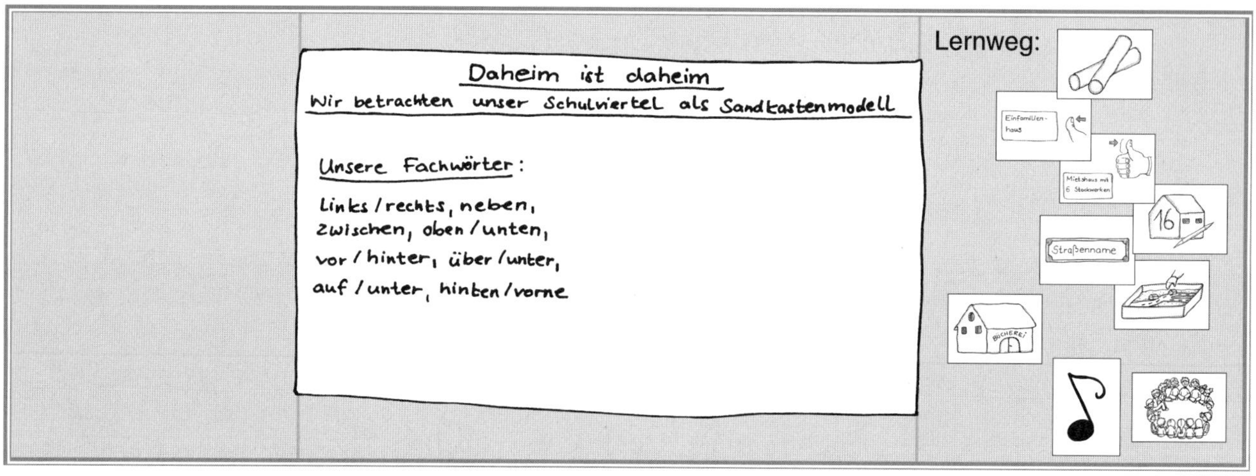

Lernweg:

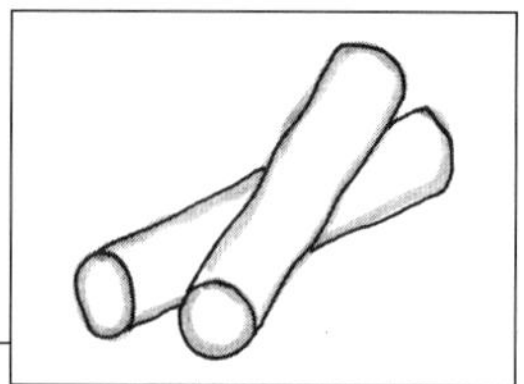

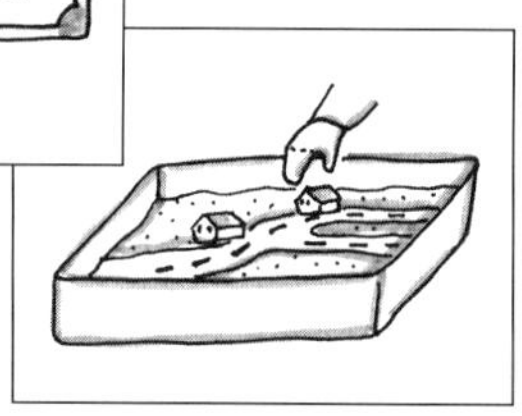

Nimm dir ein Stück Knetmasse und gestalte dein Wohnhaus. Achte dabei auf die Größe: Einfamilienhaus = Daumennagelgröße, Mietshaus mit sechs Stockwerken = Daumenhöhe. Ritze deine Hausnummer mit einem Zahnstocher ein. Schreibe deinen Straßennamen auf ein Kärtchen. Kannst du dein Haus an die richtige Stelle im Sandkasten setzen? Denke an deinen Schulweg!

Du bist fertig? Gibt es noch besondere Gebäude in deinem Schulviertel? Gestalte sie (z. B. Bücherei). Stelle die Fotofähnchen mit den Abbildungen besonderer Gebäude in den Sandkasten und vergleiche mit dem Stadtplan.

Wenn du die Aufräummusik hörst, kommst du in den Sitzkreis um den Sandkasten.

Vorbereitung des Sandkastens

1. Auf Folie eine Kopie des Schulviertels ziehen.

2. Packpapier auf die Größe des Sandkastens zuschneiden.
<u>Tipp:</u> Mit Kreide geht es schneller!

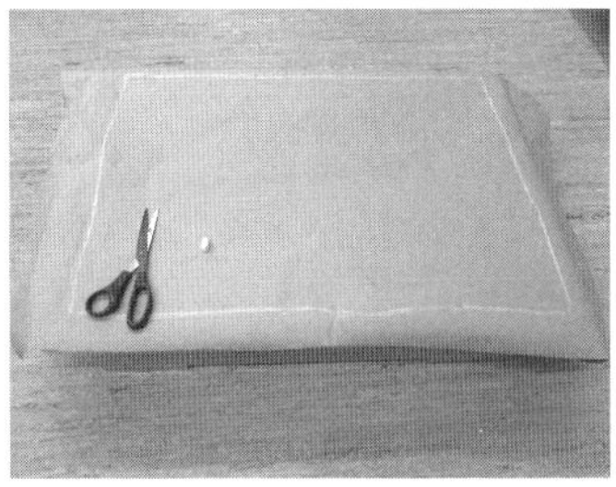

3. Das Packpapier an der Tafel befestigen. Die Kopierfolie auf den Overheadprojektor legen und die Größe einstellen.

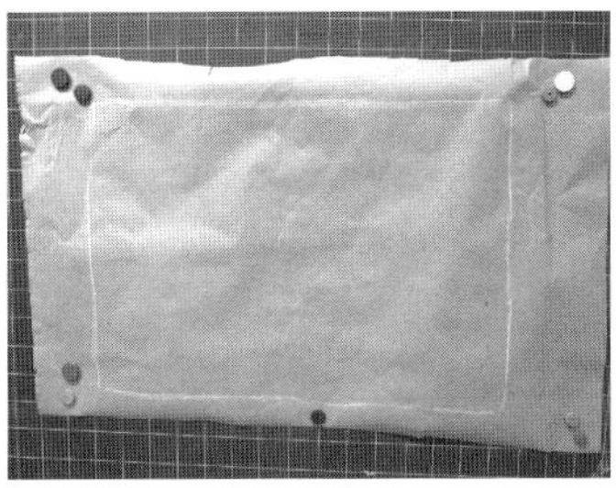
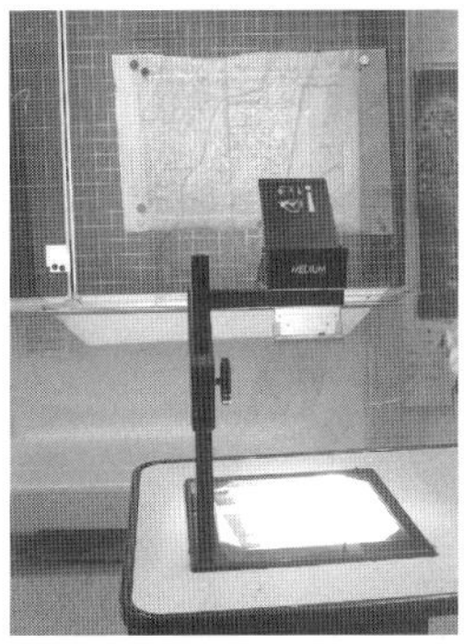

4. Nun die wichtigsten Straßen und Landschaftselemente nachzeichnen und mit der Schere die Schablone herstellen.
<u>Tipp:</u> Mit Klebefilm die Schablonenteile fixieren.

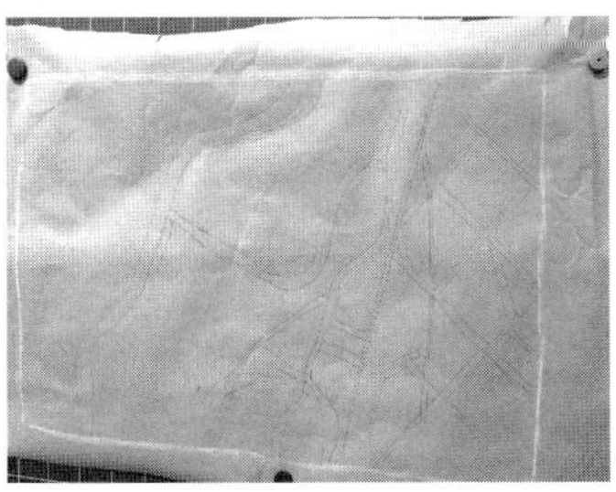
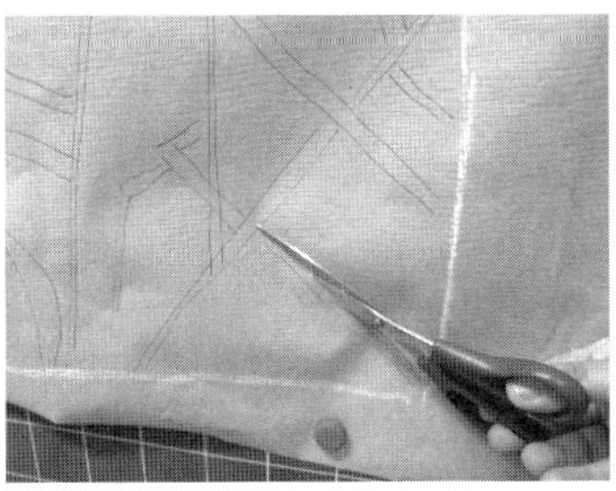
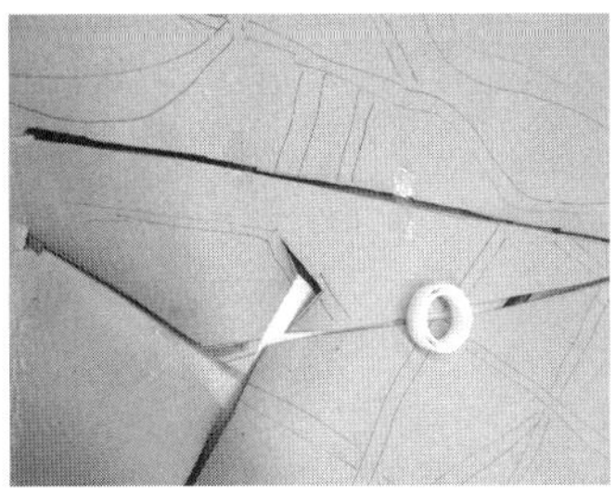

5. Die Oberfläche im Sandkasten formen und mit Kreide und Sieb über die Schablone gehen.

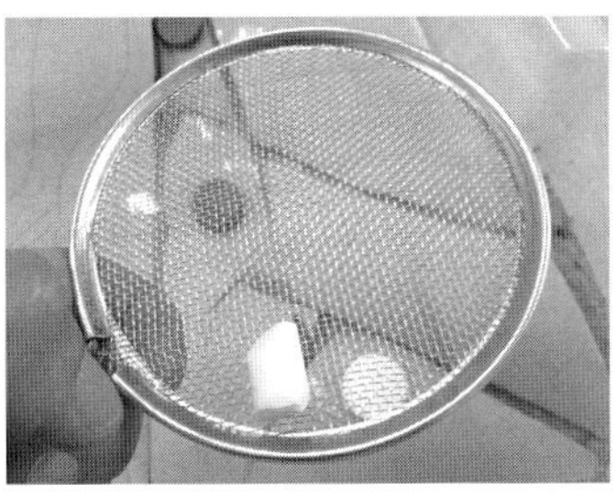
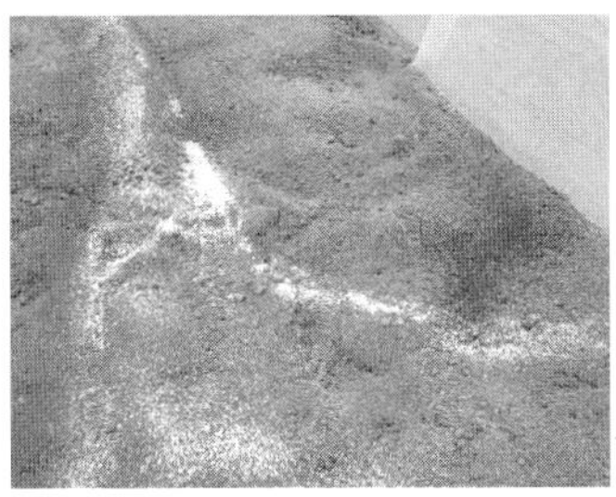

KV 2 Schilder im Schulviertel

Anmerkung für die Lehrerin: Die Straßenschilder in ca. 1-Euro-Größe kopieren bzw. weitere in dieser Größe drucken.

Vorlage Straßenschild:

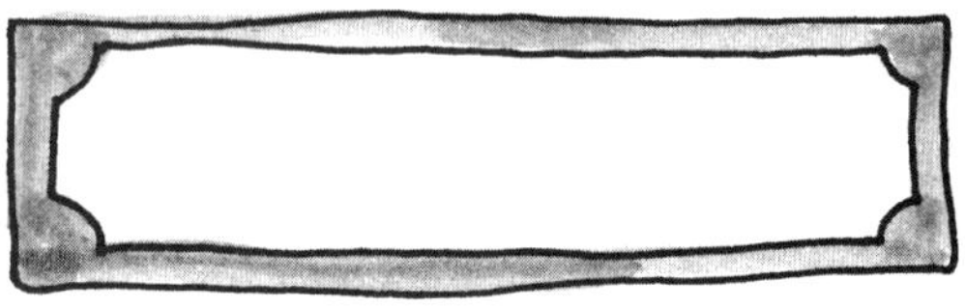

KV 3 Wortkarten „Lagebegriffe“

links	hinter
rechts	auf
zwischen	über
oben	unter
unten	vorne
vor	hinten

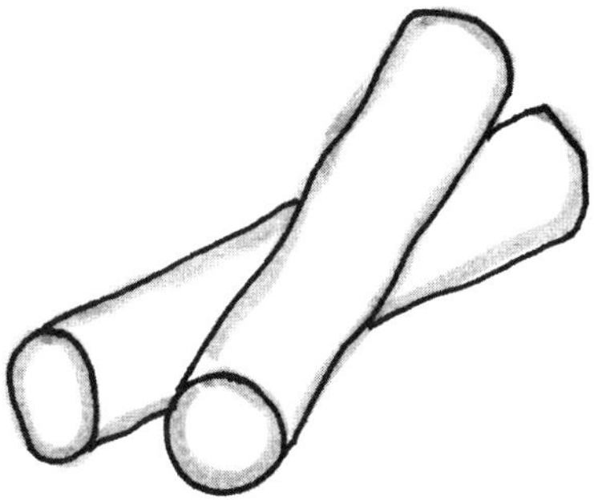

Einfamilien-
haus

Mietshaus mit
6 Stockwerken

16

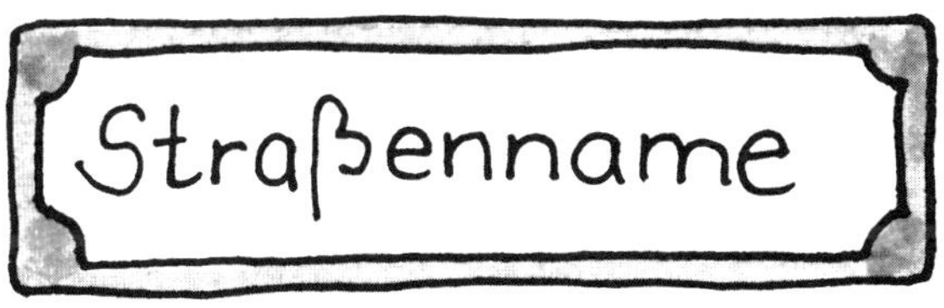
Straßenname

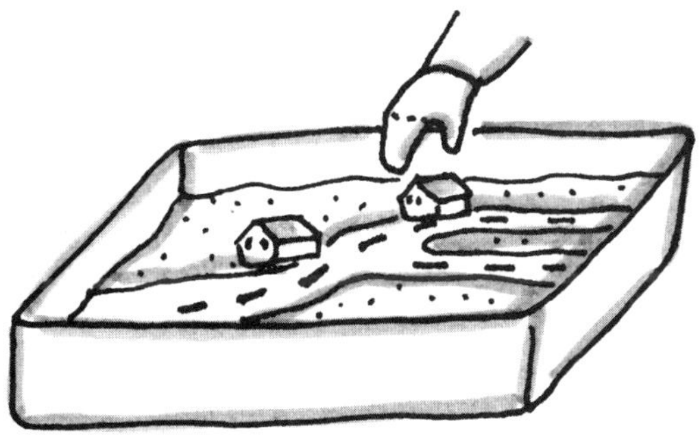

BÜCHEREI

KV 5 Satzstarter

Wenn ich zu meiner Haustüre hinausgehe ...
An der Ampel gehe ich ...
An der ____________ muss ich nach rechts abbiegen ...
An der ____________ biege ich nach links ab ...
Ich gehe geradeaus bis ...

KV 6 Kartei mit Orientierungsübungen (Beispiel)

- Wenn ________ nach der Schule ________ besuchen möchte ...

- ________ und ________ haben nach der Schule Schwimmunterricht ...

- ________ und ________ möchten nach der Schule in die Bücherei ...

Pepe will trainieren – Wir üben die Kernaufgaben

Besonderheiten der Stunde:

In dieser Sternstunde üben die Kinder Aufgaben zu den Einmaleinssätzen 1, 2, 5 und 10 an einer motivierenden Lerntheke.

Grobziel:

Üben von Kernaufgaben (Einmaleins)

Feinziele/Kompetenzen:

- Kernaufgaben des kleinen Einmaleins automatisiert und flexibel anwenden
- deren Umkehrungen (z. B. $14 : 7 = 2$ oder $14 : 2 = 7$ als Umkehrungen von $2 \cdot 7 = 14$) zur Vertiefung und erneuten Übung verschriften
- an unterschiedlichen Aufgaben mit unterschiedlichem Niveau und Motivationsspektrum üben
- sowohl in Einzel- wie auch Partnerarbeit arbeiten
- die Kernaufgaben des kleinen Einmaleins (Einmaleinssätze mit 1, 2, 5, 10 und die Quadratsätze) zur Lösung weiterer Aufgaben (z. B. $9 \cdot 8 \rightarrow 9 \cdot 8 = 10 \cdot 8 - 1 \cdot 8 \rightarrow 9 \cdot 8 = 80 - 8 = 72$) nutzen
- das Arbeiten an einzelnen Aufgaben mit dem Partner und in der Gruppe reflektieren

Voraussetzungen:

Die Einmaleinsreihen 1, 2, 5 und 10 und deren Umkehraufgaben sollten in der Klasse bereits eingeführt sein. Den Kindern sollte die Arbeit in einer Lerntheke und das Zusammenarbeiten mit einem frei gewählten Partner bekannt sein.

Material:

Lehrerin:	*Kinder:*
✶ Bildkarte „Pepe" (KV 1) ✶ Wortkarte „Zielangabe" (KV 2) ✶ Spielanleitung „Zahlenrätsel" (KV 3) ✶ Spielanleitung „Rechenfußball" (KV 4) ✶ Laufzettel (KV 5) ✶ Bildkarten „Lernweg" (KV 6) ✶ Lernthekenaufgaben mit Materialangaben (KV 7a, 7b, 8a, 8b, 9a,10a,10b,11a,11b) ✶ Lösungsbögen zu den Lernthekenaufgaben (KV 7c, 8c, 9b,10c,11c) ✶ acht Würfel ✶ vier faustgroße Bälle ✶ Ball (selbst gemalt oder ausgedruckt) mit Magnet ✶ CD-Player und CD mit Aufräummusik (beliebig wählbar)	✶ Block (kariert) ✶ Bleistift

Vorbereitung:

- Tafelbild entsprechend vorbereiten
- Bildkarte „Pepe" (KV 1) vergrößert kopieren, bei Bedarf anmalen und laminieren
- Wortkarte „Zielangabe" (KV 2) vergrößert kopieren, bei Bedarf laminieren
- Spielanleitung „Zahlenrätsel" (KV 3) kopieren und für das Spiel gut durchlesen

- ✱ Spielanleitung „Rechenfußball" (KV 4) kopieren und für das Spiel gut durchlesen, bei Bedarf das Spielfeld vergrößert kopieren und an die Tafel hängen
- ✱ Für das Spiel „Rechenfußball" einen Ball zeichnen oder aus dem Internet ausdrucken, mit einem Magnet für die Tafel versehen und laminieren.
- ✱ Laufzettel (KV 5) im Klassensatz kopieren
- ✱ Bildkarten „Lernweg" (KV 6) vergrößert kopieren, bei Bedarf anmalen und laminieren
- ✱ Lernthekenaufgaben mit Materialangaben (KV 7a, 7b, 8a, 8b, 9a,10a,10b,11a, 11b) in entsprechender Anzahl kopieren, bei Bedarf laminieren
- ✱ Lösungsbögen für die Lernthekenaufgaben (KV 7c, 8c, 9b,10c,11c) in entsprechender Anzahl kopieren (evtl. auf farbiges Papier), laminieren
- ✱ acht Würfel und vier faustgroße Bälle bereitlegen
- ✱ CD-Player und CD mit Aufräummusik (beliebig wählbar) vorbereiten

Unterrichtsverlauf:

Phase	Durchführung	Material/Sozialform
Einstieg	Zum Stundenbeginn wird den Schülern ein stiller Bildimpuls präsentiert: Hund Pepe im Trainingsanzug mit einem Fußball – um ihn herum die Zahlen 1, 2, 5 und 10. → Die Kinder äußern sich zum Gesehenen und verbalisieren ihre Assoziationen.	Tafel, Tafelbild, Bildkarte „Pepe" (KV 1), Kinokreis Unterrichtsgespräch
Zielangabe	Die Lehrerin äußert die Zielangabe und hält sie an der Tafel fest: Pepe will trainieren(...)	Tafel, Tafelanschrieb
Hinführung	Gemeinsam werden Möglichkeiten zum „Trainieren" im Mathematikunterricht mit den Kindern besprochen.	Kinokreis, Unterrichtsgespräch
erweiterte Zielangabe	Die Lehrerin erweitert die Zielangabe und fixiert die Erweiterung an der Tafel:(...)Wir üben die Kernaufgaben.	Tafel, Tafelanschrieb, Wortkarte „Zielangabe" (KV 2)
Kopfrechenphase	Aufwärmen: Es werden Zahlenrätsel gestellt, ein Kind arbeitet dabei immer an der Tafel. Es gibt mehrere Durchläufe (Erklärung siehe KV 3). Match: Die Klasse spielt gemeinsam Rechenfußball, dabei treten zwei Gruppen gegeneinander an (Erklärung siehe KV 4).	Tafel, Kreide, Block, Bleistift, Spielanleitung „Zahlenrätsel" (KV 3) Ball mit Magnet, Tafel, Fußballfeld auf der Tafel, Spielanleitung „Rechenfußball" (KV 4)
Übung	Gemeinsam werden der Laufzettel und die einzelnen Stationen besprochen. Dazu wird der Lernweg an der Tafel fixiert. Die Kinder beginnen mit der Starteraufgabe auf dem Laufzettel. Dann üben sie an den fünf Stationen allein oder mit einem Partner. Die Kinder kontrollieren sich selbst anhand der Lösungsbögen.	Laufzettel (KV 5), Tafel, Bildkarten „Lernweg" (KV 6) Laufzettel (KV 5), Lernthekenaufgaben mit Materialien (KV 7a, 7b, 8a, 8b, 9a, 10a, 10b, 11a, 11b), Lösungsbögen (KV 7c, 8c, 9b, 10c, 11c)

Phase	Durchführung	Material/Sozialform
Reflexion	Nachdem die Aufräummusik ertönt ist, treffen sich die Kinder im Sitzkreis. Die Kinder besprechen folgende Punkte zu ihrem Training an der Lerntheke: ✶ Welche Aufgabe ist mir recht schwer gefallen? ✶ Wo konnte ich sehr gut trainieren? ✶ Wie hat das Arbeiten mit dem Partner funktioniert? ✶ Welche Aufgabe war sehr leicht für mich?	CD-Player, CD mit Aufräummusik (beliebig wählbar), Sitzkreis, Unterrichtsgespräch

Tafelbild:

Lernweg:

Bearbeite zu Beginn die Starteraufgaben auf deinem Laufzettel.

Übe nun allein oder mit einem Partnerkind an der Lerntheke. Markiere die Stationen, die du erledigt hast, auf deinem Laufzettel.

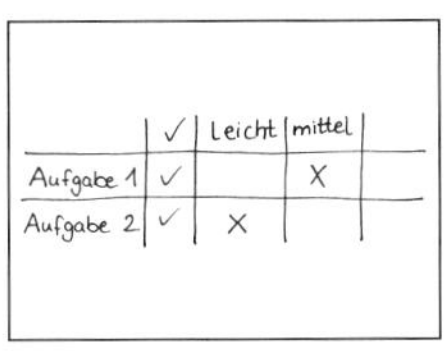

Wenn du die Aufräummusik hörst, räume alles auf und komm dann in den Sitzkreis.

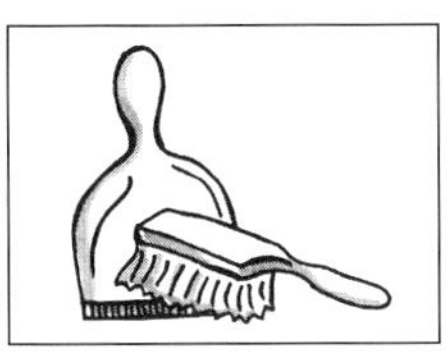

Bildkarte „Pepe“

Bildkarte „Zielangabe“

Pepe will trainieren – Wir üben die Kernaufgaben

Spielanleitung „Zahlenrätsel“ KV 3

Spielanleitung Zahlenrätsel

Ein Kind denkt sich eine Zahl zwischen 0 und 100 aus (Ergebnis einer Kernaufgabe) und notiert sie auf die Außentafel (verdeckt). Andere Kinder nennen die Kernaufgaben ohne das Ergebnis. Das Kind an der Tafel antwortet: „Mein Ergebnis ist größer/kleiner.“ Alle Kinder notieren auf dem Block jeweils das Ergebnis und nähern sich so immer mehr der auf der Tafel notierten Zahl an.

Spielanleitung „Rechenfußball“ KV 4

Spielanleitung Rechenfußball

Es werden zwei Teams gebildet. Diese spielen gegeneinander an der Tafel Fußball. Jeder Feldspieler darf einmal ein Ergebnis nennen. Die beiden Teams kommen abwechselnd an die Reihe und bekommen eine Aufgabe genannt. Wenn sie richtig ist, rückt der Ball (Ball aufzeichnen oder aus dem Internet ausdrucken, bei Bedarf laminieren und mit einem Magnet versehen) um ein Feld näher an das gegnerische Tor.

Vorlage: Fußballfeld

Anmerkung für die Lehrerin: Falls Sie das Feld nicht auf die Tafel zeichnen möchten, können Sie auch diese Vorlage hochkopieren und mit Magneten oder Klebefilm aufhängen.

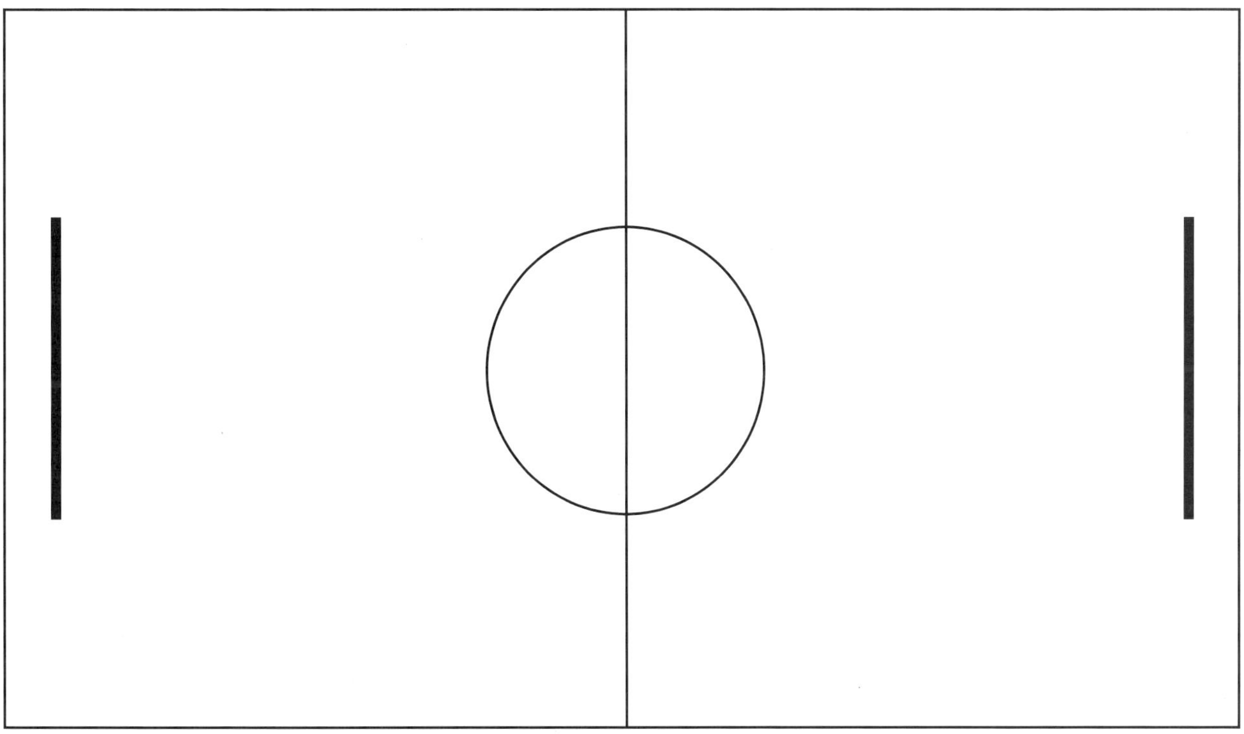

Pepes Training: Laufzettel

Name: ______________________________

Bearbeite zuerst folgende Aufgaben. Verbinde jeweils eine Rechnung mit dem richtigen Ergebnis.

2 · 5
7 · 10
6 · 5
9 · 2
5 · 10
1 · 4

4 **50** **18** **70** **30** **10**

Notiere hier die Umkehraufgaben:

______________________ ______________________

______________________ ______________________

______________________ ______________________

Jetzt geht es los! Starte mit einer Aufgabe deiner Wahl. Markiere die Stationen, die du erledigt hast, mit einem Häkchen.

Die Aufgabe war für mich:

	erledigt ✔	leicht	mittel	schwer
Aufgabe 1: **Rollball**		☺	😐	☹
Aufgabe 2: **Memory®**		☺	😐	☹
Aufgabe 3: **Klatschen**		☺	😐	☹
Aufgabe 4: **Würfeln**		☺	😐	☹
Aufgabe 5: **Einmaleinssterne**		☺	😐	☹

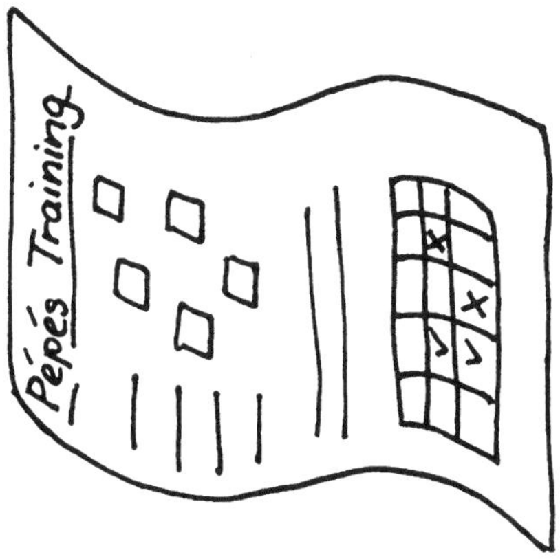

	✓	Leicht	mittel	
Aufgabe 1	✓		X	
Aufgabe 2	✓	X		

KV 7a *Aufgabe 1*

Anmerkung für die Lehrerin: Das Kärtchen viermal kopieren und laminieren.

Aufgabe 1: Rollball

Nimm dir einen Umschlag mit Aufgabenkärtchen. Zieh immer eine Karte, stelle die Aufgabe darauf deinem Partner und rolle ihm den Ball dabei zu. Er fängt den Ball, nennt das Ergebnis und notiert beides auf seinem Block. Dann zieht er eine Aufgabe, nennt sie dir und rollt den Ball zu dir. Du notierst Aufgabe und Ergebnis auf deinem Block. Macht das sechsmal. Überprüft eure Notizen auf dem Lösungsblatt.

KV 7b *Material Aufgabe 1*

Material: Vier faustgroße Bälle bereitlegen, die Aufgabenkärtchen viermal vergrößert kopieren, laminieren, ausschneiden und in einen Umschlag packen.

1 · 1	2 · 1	3 · 1	4 · 1	5 · 1	6 · 1	7 · 1	8 · 1	9 · 1	10 · 1
1 · 2	2 · 2	3 · 2	4 · 2	5 · 2	6 · 2	7 · 2	8 · 2	9 · 2	10 · 2
1 · 5	2 · 5	3 · 5	4 · 5	5 · 5	6 · 5	7 · 5	8 · 5	9 · 5	10 · 5
1 · 10	2 · 10	3 · 10	4 · 10	5 · 10	6 · 10	7 · 10	8 · 10	9 · 10	10 · 10

KV 7c *Lösungsbogen Aufgabe 1*

Lösung: Aufgabe 1

·	1	2	5	10
1	1	2	5	10
2	2	4	10	20
3	3	6	15	30
4	4	8	20	40
5	5	10	25	50
6	6	12	30	60
7	7	14	35	70
8	8	16	40	80
9	9	18	45	90
10	10	20	50	100

Anmerkung für die Lehrerin: Den Lösungsbogen viermal vergrößert kopieren und laminieren.

Aufgabe 2 KV 8a

Anmerkung für die Lehrerin: Das Kärtchen viermal kopieren und laminieren.

Aufgabe 2: Memory®

Nimm dir zuerst fünf passende Paare – Aufgabe und Ergebnis – und mische sie verdeckt auf eurer Spielunterlage. Ein Kind beginnt und deckt zwei Karten auf. Wenn sie zusammengehören, darfst du sie behalten und noch einmal zwei Karten aufdecken. Wenn sie nicht passen, ist dein Partner an der Reihe. Wenn ihr euch mit einzelnen Aufgaben unsicher seid, nehmt den Lösungsbogen zur Hilfe.

Material Aufgabe 2 KV 8b

Anmerkung für die Lehrerin: Das Aufgabenkärtchen viermal vergrößert kopieren und laminieren, ausschneiden und in einen Umschlag packen.

1 · 2	**2 · 2**	**3 · 2**	**4 · 2**	**5 · 2**	**6 · 2**	**7 · 2**	**8 · 2**	**9 · 2**	**10 · 2**
1 · 5	**2 · 5**	**3 · 5**	**4 · 5**	**5 · 5**	**6 · 5**	**7 · 5**	**8 · 5**	**9 · 5**	**10 · 5**
2	**4**	**6**	**8**	**10**	**12**	**14**	**16**	**18**	**20**
5	**10**	**15**	**20**	**25**	**30**	**35**	**40**	**45**	**50**

Lösungsbogen Aufgabe 2 KV 8c

Lösung: Aufgabe 2

·	**1**	**2**	**3**	**4**	**5**	**6**	**7**	**8**	**9**	**10**
2	**2**	**4**	**6**	**8**	**10**	**12**	**14**	**16**	**18**	**10**
5	**5**	**10**	**15**	**20**	**25**	**30**	**35**	**40**	**45**	**50**

Anmerkung für die Lehrerin: Den Lösungsbogen viermal vergrößert kopieren und laminieren.

KV 9a

Aufgabe 3

Anmerkung für die Lehrerin: Das Kärtchen viermal kopieren und laminieren.

Aufgabe 3: Klatschen

Du stellst deinem Partner eine Aufgabe nur durch Laute. Klatsche die erste Zahl deiner Malaufgaben und stampfe die zweite. Stellt euch Aufgaben aus dem 1er-, 2er-, 5er- und 10er-Einmaleins. Dein Partner notiert die Aufgabe und das Ergebnis. Dann wechselt ihr euch ab. Macht es so oft, dass jeder acht Aufgaben notiert hat. Korrigiert die Augaben am Schluss mit dem Lösungsbogen.

KV 9b

Lösungsbogen Aufgabe 3

Lösung: Aufgabe 3

·	1	2	5	10
1	1	2	5	10
2	2	4	10	20
3	3	6	15	30
4	4	8	20	40
5	5	10	25	50
6	6	12	30	60
7	7	14	35	70
8	8	16	40	80
9	9	18	45	90
10	10	20	50	100

Anmerkung für die Lehrerin: Den Lösungsbogen viermal vergrößert kopieren und laminieren.

Aufgabe 4

KV 10a

Anmerkung für die Lehrerin: Das Kärtchen viermal kopieren und laminieren.

Aufgabe 4: Würfeln

Nimm dir zwei Würfel – einen ganz normalen und einen, auf dem die Zahlen 1, 2, 5 und 10 zu sehen sind. Würfele jetzt immer mit abwechselnd einem Würfel. Notiere die entstandene Malaufgabe und deren Ergebnis. Wiederhole dies fünfmal und notiere auch immer die Umkehraufgabe dazu. Vergleiche am Schluss deine Aufgaben mit dem Lösungsbogen.

Material Aufgabe 4

KV 10b

Anmerkung für die Lehrerin: Für diese Aufgabe werden vier gewöhnliche Würfel benötigt. Ebenso wie vier präparierte Würfel. Auf diesen werden die Zahlen 3, 4 und 6 abgeklebt. Auf diese Felder werden je eine 2, 5 und eine 10 notiert (Augen oder als Zahl).

Lösungsbogen Aufgabe 4

KV 10c

Lösung: Aufgabe 4

·	1	2	5	10
1	1	2	5	10
2	2	4	10	20
3	3	6	15	30
4	4	8	20	40
5	5	10	25	50
6	6	12	30	60

Anmerkung für die Lehrerin: Den Lösungsbogen viermal vergrößert kopieren und laminieren.

KV 11a

Aufgabe 5

Anmerkung für die Lehrerin: Das Kärtchen viermal kopieren und laminieren.

Aufgabe 5: Einmaleinssterne

Nimm dir ein Übungsblatt mit den Einmaleinssternen. Schreibe immer zwischen die beiden Spitzen eines Sterns das Ergebnis der beiden Zahlen, die in den Spitzen stehen. Manche Aufgaben sind noch nicht gerechnet, aber wenn du genau schaust, kennst du die Nachbaraufgabe. Sie hilft dir beim Lösen der Aufgabe. Kontrolliere deine Sterne mit dem Lösungsbogen, wenn du fertig bist.

KV 11b

Material Aufgabe 5

Anmerkung für die Lehrerin: Das Arbeitsblatt im Klassensatz kopieren.

Name: ____________________ Datum: ____________

Einmaleinssterne

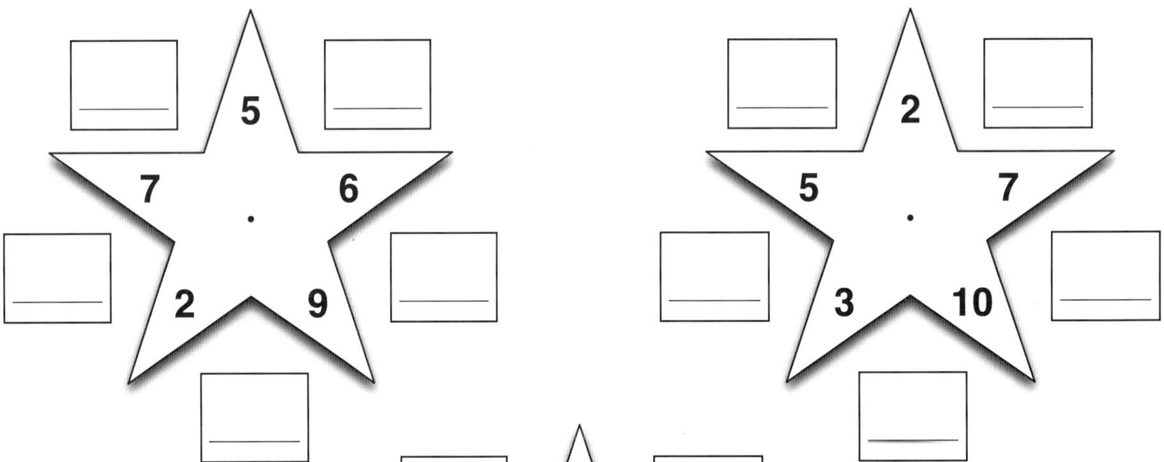

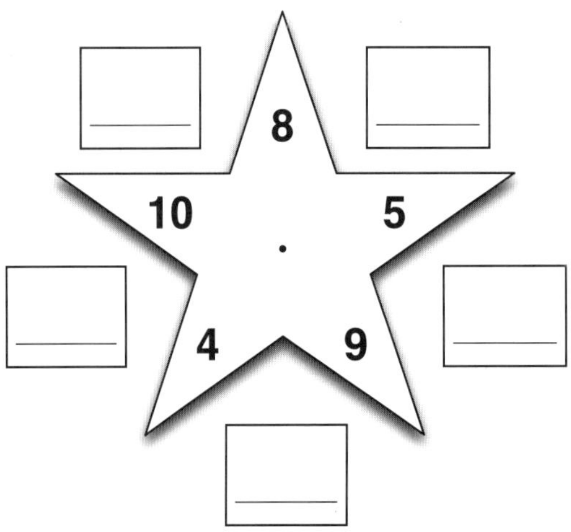

Anmerkung für die Lehrerin: Den Lösungsbogen viermal kopieren und laminieren.

Lösung: Einmaleinssterne

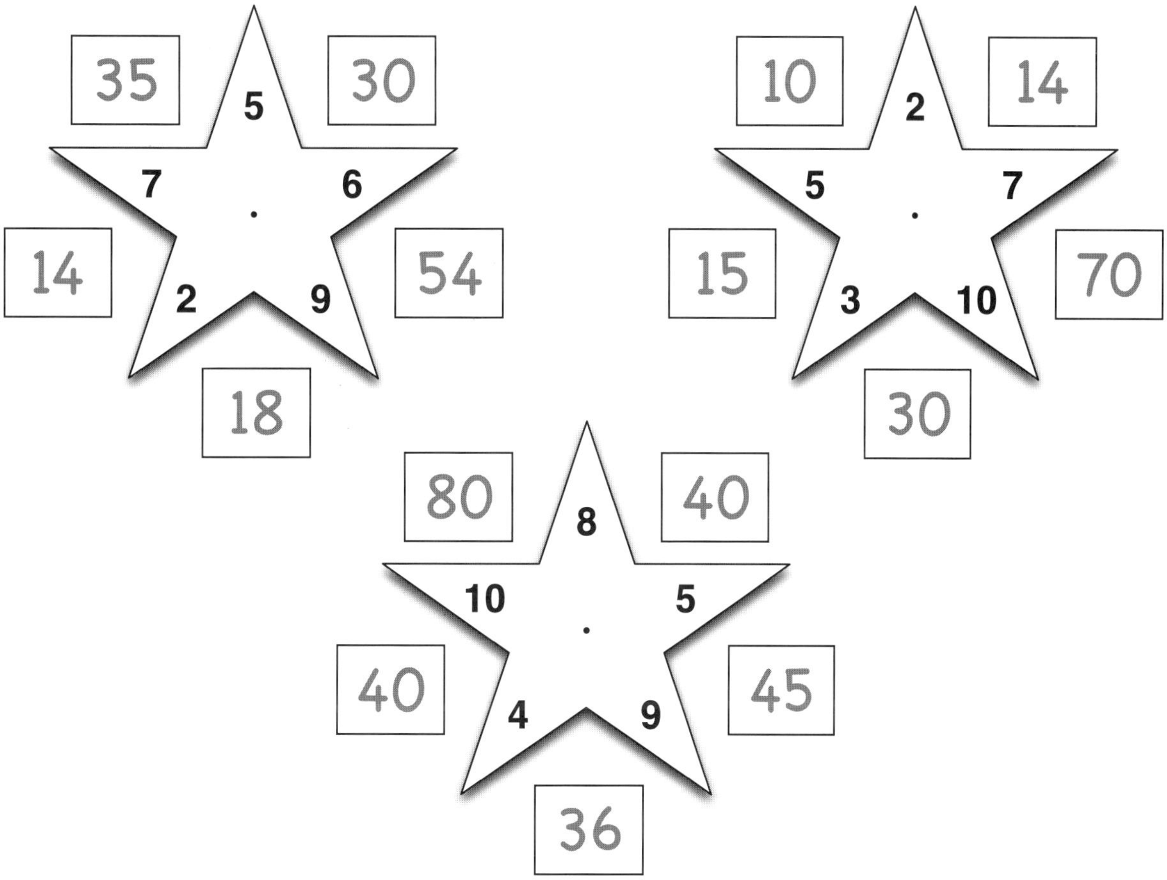

Der erste Spieltag – Wir berechnen den Unterschied

Besonderheiten der Stunde:

Die Kinder lernen anhand einer lebenspraktischen Situation mit Begeisterungsfaktor (Punktestand in der Basketball-Bundesliga) zwei Möglichkeiten kennen, den Unterschied zwischen zwei Zahlen zu berechnen und wenden diese gleich an.

Grobziel:

Unterschied zwischen zwei Zahlen berechnen

Feinziele/Kompetenzen:

- der Berechnung des Unterschieds die Subtraktion bzw. das Ergänzen zuordnen
- Rechenstrategien im Zahlenraum bis 100 nutzen
- Rechenwege bewerten

Voraussetzungen:

Das Rechnen mit Zehnerübergang im Zahlenraum bis 100 ist den Kindern bekannt.

Material:

Lehrerin:	*Kinder:*
✶ Kopfrechenpuzzle (KV 1) ✶ Bildkarte „Stern“ (KV 2) ✶ Mannschaftswappen (KV 3), Magnete ✶ Bildkarten „Lernweg“ (KV 4) ✶ Spielergebnisse (KV 5) ✶ Arbeitsaufträge (KV 6, 7, 8, 9), eine Folie ✶ Sternchenaufgabe (KV 10) ✶ Wortkarten „Merksätze“ (KV 11) ✶ Impulskarten „Reflexion“ (KV 12) ✶ CD mit Aufräummusik (beliebig wählbar) ✶ CD-Player ✶ Steckwürfel ✶ Balkenwaage ✶ Blankokarten für die Ergebnisse ✶ evtl. Drehscheibe	✶ Federmäppchen ✶ Folienstifte ✶ Steckwürfel

Vorbereitung:

- Tafelbild vorbereiten, dazu Mannschaftswappen (KV 3) vergrößert kopieren, bei Bedarf anmalen, laminieren und mit Magneten versehen
- Kopfrechenpuzzle kopieren (KV 1), in sechs Teile schneiden und mit Aufgaben auf der Rückseite versehen
- evtl. eine Drehscheibe besorgen, damit alle Kinder das Puzzle gut sehen können
- Bildkarte „Stern“ (KV 2) neunmal kopieren, bei Bedarf anmalen und laminieren
- Bildkarten „Lernweg“ (KV 4) vergrößert kopieren, anmalen und laminieren
- Spielergebnisse (KV 5) kopieren, in Streifen schneiden und den Partnern zuteilen
- Arbeitsaufträge für die Partnerarbeit (KV 6, 7, 8, 9) kopieren, die Hundertertafel (KV 8) jeweils einmal auf Papier und einmal auf Folie kopieren, die Mannschaften eintragen
- Blankokarten für die Ergebnisse zuschneiden

✶ Sternchenaufgabe (KV 10) in entsprechender Anzahl kopieren
✶ Wortkarten „Merksätze“ (KV 11) kopieren (bei Bedarf vergrößert), laminieren
✶ Impulskarten „ Reflexion“ (KV 12) vergrößert kopieren, bei Bedarf laminieren
✶ CD-Player und CD mit Aufräummusik (beliebig wählbar) bereitlegen
✶ Steckwürfel und eine Balkenwaage besorgen

Unterrichtsverlauf:

Phase	Durchführung	Material/Sozialform
Kopfrechnen Hinführung	Die Aufgaben auf den Puzzleteilen werden zunächst von jedem Kind im Kopf gelöst, anschließend wird jeweils ein Ergebnis angesagt und das entsprechende Puzzleteil wird umgedreht. Das Bild eines Basketballspielers ist zu sehen.	Sitzkreis, Kopfrechenpuzzle (KV 1), evtl. Drehscheibe
	Das Tafelbild wird geöffnet. Es sind die Ergebnisse des ersten Spieltags der Basketball-Bundesliga zu sehen. Die Siegermannschaften werden mit einem Stern gekennzeichnet. Die Kinder vermuten, wer die Tabellenführung hat und begründen ihre Meinung.	Tafel, Tafelbild mit Mannschaftswappen (KV 3), Bildkarte „Stern“ (KV 2), Unterrichtsgespräch
	Der Begriff „Unterschied“ wird besprochen und anhand eines Beispiels erklärt.	Unterrichtsgespräch
Zielangabe	Die Lehrerin ergänzt die Überschrift „Der erste Spieltag“ nun vollständig an der Tafel: Wir berechnen den Unterschied!	Tafel, Tafelanschrieb
Vermutungen zur Lösung der Handlungssituation	Mit dem Partner besprechen die Kinder, wie sie beim Berechnen des Unterschieds vorgehen, welches Rechenzeichen sie verwenden etc.	Partnerarbeit
	Die Lehrerin schreibt die Vermutungen der Kinder an die linke Seitentafel.	Unterrichtsgespräch, Tafel, Tafelanschrieb
Erarbeitung	Der Lernweg wird gemeinsam besprochen und die Bildkarten werden an der Tafel fixiert.	Tafel, Bildkarten „Lernweg“ (KV 4)
	Die Kinder arbeiten leistungsdifferenziert mit einem Partner zusammen und berechnen jeweils den Unterschied eines Spielergebnisses: **1.** <u>Enaktiv I:</u> Die Anzahl der Punkte der Mannschaften werden als Steckwürfel links und rechts in eine Balkenwaage gegeben. Die Kinder nehmen aus der schwereren Seite nacheinander einen Würfel heraus, bis die Waage im Gleichgewicht ist. Anschließend werden die herausgenommenen Würfel gezählt. **2.** <u>Enaktiv II:</u> Die Partner suchen sich jeweils eine Mannschaft vom zugeteilten Spiel heraus. Passend zur Anzahl ihrer Punkte im Spiel nehmen sie sich Steckwürfel. Nun legen sie abwechselnd einen Würfel zurück in die Box. Sobald ein Kind keine Würfel mehr hat, zählt der andere Partner, wie viele er übrig hat.	Partnerarbeit, Spielergebnisse (KV 5) Balkenwaage, Steckwürfel, Arbeitsaufträge (KV 6–9), Folienstifte, Sternchenaufgabe (KV 10), Blankokarten für die Ergebnisse

Phase	Durchführung	Material/Sozialform
	3. Ikonisch: Die Partner suchen sich jeweils eine Mannschaft vom zugeteilten Spiel aus. Nun streichen sie auf einer Hundertertafel die entsprechenden Punkte der Mannschaft ab. Der Partner, der die Tafel auf Folie hat, legt sie über die andere Hundertertafel. Jetzt kann verglichen werden, wie viele Felder nur einmal abgestrichen sind. **4.** Symbolisch: Die Partner berechnen den Unterschied und vergleichen ihr Ergebnis. Sie erhalten als Sternchenaufgabe weitere Spielergebnisse.	
Differenzierung/ Inklusion	Es ist sinnvoll, die Spielpaarungen nach Rechenfertigkeit der Kinder zu verteilen. Einige Unterschiede lassen sich beispielsweise ohne Zehnerübergang berechnen. Aufgabe 1 hat keinen Arbeitsauftrag. An der Waage können schwache oder lernzieldifferent unterrichtete Kinder gemeinsam mit der Lehrerin arbeiten.	Balkenwaage
	Die Lerntheke wird durch Musik beendet und die Kinder gehen auf ihren Platz.	Aufräummusik auf CD (beliebig wählbar), CD-Player
Psychohygiene	Trainingsübungen: Ein Kind macht eine Übung vor, die anderen machen sie nach (Kniebeuge, auf einem Bein springen etc.).	
Präsentation und Rechenkonferenz	Die Kinder tauschen sich aus, wie sie die Unterschiede berechnet haben, überprüfen die Vermutungen an der Seitentafel und hängen die Wortkarten mit den möglichen Rechenwegen ins Tafelbild.	Unterrichtsgespräch, Tafel, Wortkarten „Merksätze“ (KV 11)
Anwendung	Die Tabelle des ersten Spieltages wird an der rechten Seitentafel aus den Mannschaftswappen des Tafelbildes gebildet. Die Mannschaft, die mit dem größten Unterschied gewonnen hat, ist Tabellenführer usw. (Im Basketball gibt es kein „Unentschieden“!)	Kinokreis, Tafel, Unterrichtsgespräch
Reflexion	Auf einer Linie zwischen zwei Bildimpulsen ordnen sich die Kinder ein („ Das habe ich schon prima verstanden.“ = Dunking und „ Das habe ich noch nicht so gut verstanden.“ = platter Ball).	Impulskarten „Reflexion“ (KV 12)
Abschluss	Zum Abschluss wird ein Ausblick auf eine Basketball-Stunde im Sportunterricht, einen Basketball in der Pausenkiste, die aktuelle Saison o. ä. gegeben.	

Tafelbild:

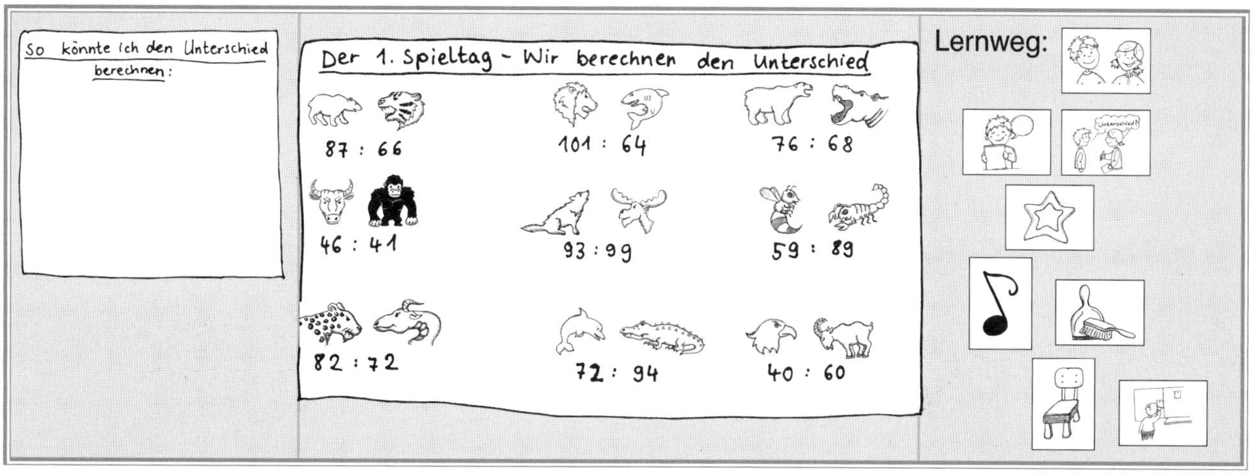

Lernweg:

Du arbeitest heute mit einem Partnerkind zusammen. Jedes Team bekommt ein Mannschaftspaar von der Tafel zugeordnet.

Lest gemeinsam die Aufgabe genau durch und berechnet zusammen den Unterschied. Schreibt die Zahl (den Unterschied) auf die Karte, die ihr bekommt.

Wenn du schnell fertig bist, kannst du dir die Sternchenaufgabe holen.

Wenn du die Aufräummusik hörst, dann räume alles auf, gehe auf deinen Platz und hänge die Karte mit dem Ergebnis zum passenden Spiel an die Tafel.

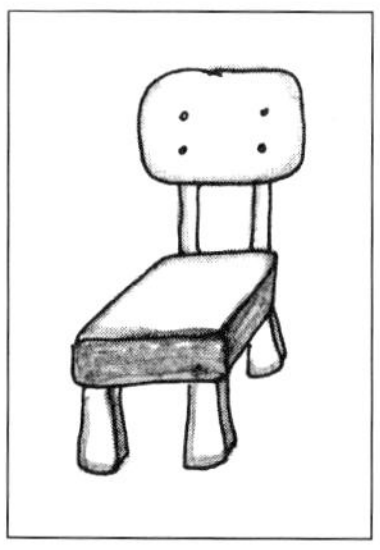

Kopfrechenpuzzle

Anmerkung für die Lehrerin: Die Aufgaben auf der Rückseite sollten verschiedene Schwierigkeitsgrade haben, damit auch schwächere Kinder sich beteiligen können. Wird das Puzzle auf eine Drehscheibe gelegt, können alle Kinder die Puzzleteile gut erreichen und das Bild steht nicht für einige Kinder auf dem Kopf.

Bildkarte „Stern“ KV 2

Mannschaftswappen KV 3

München 
Berlin 
Frankfurt 
Köln 
Hamburg 
Düsseldorf 

Dortmund 
Augsburg 
Leipzig 
Ulm 
Essen 
Stuttgart 
Bochum 
Dresden 
Bamberg 
Bonn 
Bremen 
Nürnberg 

Unterschied?

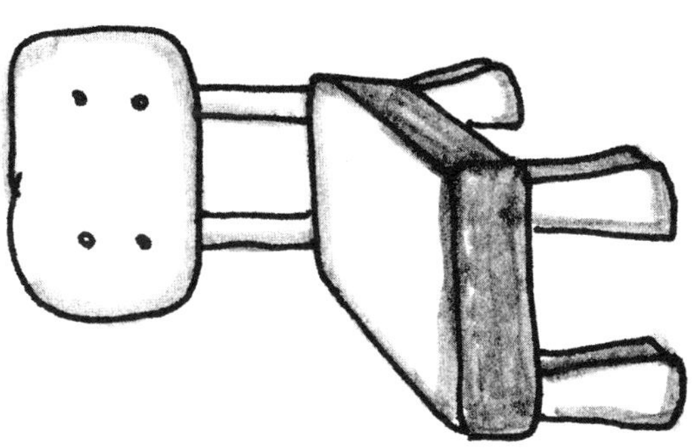

Berliner Bären gegen **Augsburger Tiger**

87 : 66

Münchner Löwen gegen **Hamburger Haie**

101 : 64

Leipziger Adler gegen **Kölner Widder**

40 : 60

Dortmunder Hornissen gegen **Ulmer Skorpione**

59 : 89

Frankfurter Wölfe gegen **Essener Elche**

93 : 99

Stuttgarter Stiere gegen **Bochumer Gorillas**

46 : 41

Dresdner Delfine gegen **Bamberger Krokodile**

72 : 94

Bonner Leoparden gegen **Düsseldorfer Drachen**

82 : 72

Bremer Eisbären gegen **Nürnberger Nilpferde**

76 : 68

Arbeitsauftrag 1

1. Jeder von euch sucht sich eine der beiden Mannschaften aus.
2. Sucht so viele Steckwürfel aus der Kiste heraus, wie eure Mannschaft Punkte gemacht hat.
   (Beispiel: Beim Spielergebnis München gegen Hamburg nimmt ein Partner 101 Würfel, der andere 64.)
3. Nun legt ihr immer abwechselnd einen Würfel zurück in die Kiste.
4. Stoppt, wenn einer von euch keinen Würfel mehr hat und zählt, wie viele Würfel übrig sind.
5. Überlegt: Wie könnte man diese Zahl ausrechnen?
6. Schreibt den Unterschied des Spiels hier auf:

____

Arbeitsauftrag 2

1. Jeder von euch sucht sich eine der beiden Mannschaften aus.
2. Streicht für jeden Punkt, den eure Mannschaft gemacht hat, ein Feld auf der Hundertertafel durch.
3. Legt die Folie auf das Blatt und vergleicht, wie viele Felder nur einmal durchgestrichen sind.
4. Überlegt: Wie könnte man diese Zahl ausrechnen?
5. Schreibt den Unterschied des Spiels hier auf:

____

Punkte vergleichen

Wie viele Punkte haben die ____________________________
gemacht? Streiche **für jeden Punkt ein Feld** mit dem Folienstift ab!

1	2	3	4	5	6	7	8	9	10
11	12	13	14	15	16	17	18	19	20
21	22	23	24	25	26	27	28	29	30
31	32	33	34	35	36	37	38	39	40
41	42	43	44	45	46	47	48	49	50
51	52	53	54	55	56	57	58	59	60
61	62	63	64	65	66	67	68	69	70
71	72	73	74	75	76	77	78	79	80
81	82	83	84	85	86	87	88	89	90
91	92	93	94	95	96	97	98	99	100

Legt nun die Folie auf das Feld und zählt, wie viele Felder **nur einmal** abgestrichen sind. Der Unterschied beträgt: ____________________
Kannst du den Unterschied auch berechnen? Versucht es auf der Rückseite!

Arbeitsauftrag 3

1. Berechne den Unterschied des Spiels auf der Rückseite deiner Karte.
2. Es gibt zwei Möglichkeiten. Findest du auch den zweiten Weg, den Unterschied zu berechnen?
3. Schreibt den Unterschied des Spiels hier auf:

____

4. Löse die Sternchenaufgabe.

Sternchenaufgabe KV 10

Aufgabe für Sport-Spezialisten

Rechne auch die Unterschiede der anderen Spielergebnisse an der Tafel aus.

Hier sind Ergebnisse aus den Spielen der Europaliga. Kannst du auch hier den Unterschied berechnen?

84 : 106 **112 : 98**

107 : 71 **94 : 114**

KV 11 *Wortkarten „Merksätze"*

Ich ziehe die   kleinere Zahl von der größeren   Zahl ab.   **74 – 13 = 61**
Ich ergänze von der kleineren zur   größeren Zahl.   **13 + ____ = 74**

KV 12 *Impulskarten „Reflexion"*

Pino der Eisverkäufer

Besonderheiten der Stunde:

An einer leistungsdifferenzierten Lerntheke üben die Kinder den Umgang mit Euro und Cent durch eine motivierende, kindgerechte Sachsituation.

Grobziel:

Üben der Größe Geld (Euro, Cent)

Feinziele/Kompetenzen:

- Sachsituationen mit Größen lösen
- bekannte Bezugsgrößen aus der kindlichen Erfahrungswelt und sinnvolle Bearbeitungshilfen nutzen
- Plausibilität der Lösung von Sachproblemen mit Größen unter Rückbezug auf den Sachzusammenhang prüfen

Voraussetzungen:

Die Größe Geld ist bekannt. Die verschiedenen Euro- und Cent-Münzen bzw. Euro-Scheine bis 100 € sind eingeführt.

Material:

Lehrerin:	*Kinder:*
✶ Code „Geheimschrift" (KV 1) ✶ Aufgaben „Kopfrechnen" (KV 2) ✶ Bildkarten „Lernweg" (KV 3) ✶ Preislisten zur Bearbeitung der Lernthekenaufgaben (differenziert) (KV 4) ✶ Lernthekenaufgabe: Paare finden (KV 5) ✶ Lernthekenaufgabe: Preisliste (KV 6) ✶ Lernthekenaufgabe: Bestellungen (KV 7) ✶ Lernthekenaufgabe: Rückgeld (KV 8) ✶ Lernthekenaufgabe: Rollenspiel (KV 9) ✶ Sternchenaufgabe (KV 10) ✶ Aufgabenkarten „Anwendung" (KV 11) ✶ CD-Player ✶ CD mit Aufräummusik (beliebig wählbar) ✶ Spielgeld	✶ Federmäppchen, ✶ kariertes Heft bzw. Block ✶ Spielgeld

Vorbereitung:

- Tafelbild entsprechend vorbereiten
- evtl. Nachricht von Pino als Hörspiel aufnehmen oder als Lehrererzählung vorlesen
- Code „Geheimschrift" (KV 1) im Klassensatz oder für Partnerteams kopieren & auf Folie
- Aufgaben „Kopfrechnen" (KV 2) kopieren
- Bildkarten „Lernweg" (KV 3) vergrößert kopieren, bei Bedarf anmalen und laminieren
- Preislisten zur Bearbeitung der Lernthekenaufgaben (differenziert) (KV 4) in jeweils entsprechender Anzahl kopieren und mit den Namen der Kinder versehen

- Lernthekenaufgaen (KV 5–KV 9) kopieren, bei Bedarf laminieren, Lösungen zur Selbstkontrolle erstellen
- Sternchenaufgabe (KV 10) für schnelle Schüler kopieren
- Aufgabenkarten „Anwendung“ (Karten mit Geldbeträgen) (KV 11) im Tafelbild anbringen und im Klassenzimmer verteilen
- Spielgeld bereitlegen
- CD-Player und eine CD mit Aufräummusik (beliebig wählbar) vorbereiten

Unterrichtsverlauf:

Phase	Durchführung	Material/Sozialform
Kopfrechnen	Die Kinder erhalten in Einzel- oder Partnerarbeit einen Code für eine Geheimschrift, die sie entschlüsseln sollen. Dazu werden den Schülern von der Lehrerin Plus- und Minusaufgaben im Zahlenraum bis 100 gestellt, deren Ergebnis das Wort „Eisverkäufer“ ergeben. Die Lehrerin hat den Code auf Folie und kann bei der Besprechung der Ergebnisse mitschreiben.	Tafel, Tafelbild, Code „Geheimschrift“ (KV 1), Einzelarbeit oder Partnerarbeit, Overheadprojektor, Aufgaben „Kopfrechnen“ (KV 2)
Hinführung	Das Tafelbild wird geöffnet, Pino der Eisverkäufer ist zu sehen. Er ist müde und schwitzt in der Hitze. Eine Nachricht von Pino wird als Hörspiel abgespielt oder als Lehrererzählung vorgelesen: *„Liebe Kinder, gut, dass ihr da seid. Heute ist wieder so ein heißer Tag hier am Strand und so viele Leute möchten Eis essen. Ich schaffe das allein gar nicht und an meinen anderen Eisdielen sieht es genauso aus. Ich bräuchte dringend eure Hilfe, aber nur, wenn ihr euch gut mit Geld auskennt. Stimmt das?“*	Tafel, Tafelbild, Unterrichtsgespräch, CD mit Hörspieltext und CD-Player oder Lehrererzählung
	→ Die Kinder äußern sich zum Hörspiel/zur Lehrererzählung.	Unterrichtsgespräch
Zielangabe	Die Überschrift wird von der Lehrerin an der Tafel vervollständigt: Wir rechnen mit Euro und Cent!	Tafel, Tafelanschrieb
Wiederholung	Die Kinder besprechen mit ihrem Sitznachbarn Tipps, die man beim Rechnen mit Geld beachten muss. Die einzelnen Tipps werden an die linke Seitentafel geschrieben.	Partnerarbeit, Tafel, Tafelanschrieb, Unterrichtsgespräch
	Der Lernweg wird gemeinsam besprochen und die Bildkarten werden an der Tafel fixiert.	Tafel, Bildkarten „Lernweg“ (KV 3)
Übung	Es folgt eine Übungsphase an einer leistungsdifferenzierten Lerntheke: **1.** <u>Paare finden:</u> Jeweils zwei Karten werden aufgedeckt. Ergeben die beiden Beträge einen vollen Euro-Betrag, darf der Spieler das Paar behalten und ist nochmal an der Reihe. **2.** <u>Preisliste:</u> Die Kinder legen die Beträge der einzelnen Dinge auf ihrer Preisliste mit Spielgeld. **3.** <u>Bestellungen:</u> Der Preis von verschiedenen Bestellungen muss ausgerechnet werden.	Lerntheke in Einzel- und Partnerarbeit, Preislisten zur Bearbeitung der Lernthekenaufgaben (KV 4), Lernthekenaufgaben (KV 5–KV 9), Spielgeld, Sternchenaufgabe (KV 10)

Phase	Durchführung	Material/Sozialform
	4. Rückgeld: Der Preis einer größeren Bestellung muss errechnet und das Rückgeld auf 10 € bestimmt werden. **5.** Rollenspiel: Ein Kind bestellt beim anderen Partner (dem Eisverkäufer) verschiedene Dinge von der Karte, dieser gibt ihm die entsprechenden Bildkarten und nennt den Preis. Partner Nr. 1 zahlt mit Spielgeld, dann werden die Rollen gewechselt.	
Differenzierung/ Inklusion	*Qualitative Differenzierung* Kinder, die lernzieldifferent unterrichtet werden, arbeiten gemeinsam mit der Lehrerin. Sie benennen zunächst nochmals die verschiedenen Scheine und Münzen, die ihrem Zahlenraum entsprechen und arbeiten auch dann immer mit Spielgeld als Anschauungsmaterial zur Unterstützung.	Spielgeld
	Musik beendet die Lerntheke. Die Kinder gehen auf ihren Platz.	CD-Player, CD mit Aufräummusik
Reflexion	Die Kinder tauschen sich mit ihrem Partner aus, an welchen Stationen sie gut gearbeitet haben und was ihnen leicht gefallen ist.	Partnerarbeit, Unterrichtsgespräch
Anwendung	Die Kugeln der großen Eistüte an der Tafel werden abgenommen, darunter stehen verschiedene Geldbeträge. Die Kinder suchen die Karten mit den passenden Beträgen im Klassenzimmer, um volle Europreise zu erhalten.	Tafel, Aufgabenkarten „Anwendung" (KV 11)
Abschluss	Die Nachricht von Pino wird abgespielt oder vorgelesen: *„Wow, dieser Tag ist aber schnell vergangen und niemand hat sich beschwert, dass er kein Eis mehr bekommen hat. Vielen Dank für eure Hilfe!"*	CD-Player, CD mit Hörspiel oder als Lehrererzählung

Tafelbild:

Anmerkung für die Lehrerin: Die Eiskugeln sollten aus buntem Tonpapier ausgeschnitten werden. Auf die Rückseite werden die Beträge der linken Spalte der KV 11 geschrieben oder geklebt. Alternativ können die Beträge auch darunter an der Tafel stehen.

Lernweg:

Pino hat viele verschiedene Aufgaben, bei denen du ihm helfen musst. Er hat mehrere Eisdielen, die alle unterschiedliche Preise haben. Du bekommst die Preisliste für einen Laden, mit dieser arbeitest du.

An manchen Stationen hilfst du Pino allein, manchmal brauchst du ein Partnerkind. Denke daran, die Stationen immer wieder aufzuräumen, wenn du fertig bist.

Wenn du schon mit allen Aufgaben fertig bist, dann holst du dir die Sternchenaufgabe.

Wenn du die Aufräummusik hörst, dann räume die Station wieder auf, an der du gerade arbeitest, und gehe auf deinen Platz.

KV 1 *Code „Geheimschrift“*

A	B	C	D	E	F	G	H	I	J
1	2	3	4	5	6	7	8	9	10
K	**L**	**M**	**N**	**O**	**P**	**Q**	**R**	**S**	**T**
11	12	13	14	15	16	17	18	19	20
U	**V**	**W**	**X**	**Y**	**Z**	**Ä**	**Ö**	**Ü**	**ß**
21	22	23	24	25	26	27	28	29	30

Schreibe jeden Buchstaben, der über deinem Rechenergebnis steht, auf die Zeile:

____

Aufgaben „Kopfrechnen“ KV 2

E: 12 – 7 = 5

I: 40 – 31 = 9

S: 7 + 12 = 19

V: 88 – 66 = 22

E: 33 + ? = 38 (5)

R: 100 – 82 = 18

K: 5 + 6 = 11

Ä: 13 + 14 = 27

U: 74 – 53 = 21

F: 94 – 88 = 6

E: 65 – 60 = 5

R: 52 – 34 = 18

Anmerkung für die Lehrerin: Die Aufgaben können je nach Schwierigkeitsgrad bzw. Fortschritt im Schuljahr abgewandelt werden. Schwächeren Schülern können die Aufgaben auch auf einem Arbeitsblatt ausgeteilt werden.

Bildkarten „Lernweg“ KV 3

Eisdiele „Pino"

1 Kugel Eis	1 €
Sahne	50 ct
Schokoladenwaffel	1 €
Milchshake	3 €
Erdbeerbecher	5 €
Spaghettieis	6 €
Kinderbecher	4 €
Limo	2 €
Kaffee	2 € 50 ct

Eisdiele „Marco"

1 Kugel Eis	1 € 25 ct
Sahne	15 ct
Schokoladenwaffel	75 ct
Milchshake	3 € 90 ct
Erdbeerbecher	4 € 99 ct
Spaghettieis	6 € 23 ct
Kinderbecher	3 € 78 ct
Limo	2 € 30 ct
Kaffee	2 € 54 ct

Eisdiele „Luca"

1 Kugel Eis	70 ct
Sahne	20 ct
Schokoladenwaffel	50 ct
Milchshake	3 € 50 ct
Erdbeerbecher	4 € 90 ct
Spaghettieis	6 € 20 ct
Kinderbecher	4 € 10 ct
Limo	1 € 90 ct
Kaffee	2 € 50 ct

Anmerkung für die Lehrerin: Legende – Pino: leicht, Luca: mittel, Marco: schwer!

2 € 50 ct	1 € 25 ct	9 € 70 ct
90 ct	6 € 20 ct	4 € 10 ct
8 € 12 ct	65 ct	3 € 68 ct
5 € 40 ct	7 € 77 ct	4 ct
50 ct	75 ct	30 ct
10 ct	80 ct	90 ct
88 ct	35 ct	32 ct
60 ct	23 ct	96 ct

KV 6 Lernthekenaufgabe: Preisliste

Preisliste

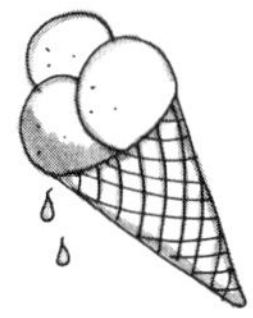

Lege die Preise der einzelnen Angebote auf deiner Eisdielen-Karte mit Spielgeld. Kontrolliere genau!

KV 7 Lernthekenaufgabe: Bestellungen

Bestellungen

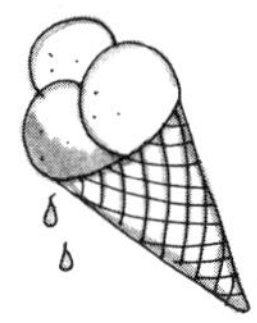

Berechne den Preis dieser Bestellungen auf deinem Rechenblatt:

1. 3 Kugeln Eis
2. 2 Kugeln Eis mit Sahne
3. 1 Spaghettieis, 1 Kinderbecher und 1 Kaffee
4. 1 Erdbeerbecher, 1 Kinderbecher und 1 Milchshake
5. 2 Kugeln Eis in der Schokoladenwaffel und 1 Kugel Eis mit Sahne
6. 1 Erdbeerbecher, 1 Limo und 1 Kaffee

KV 8 Lernthekenaufgabe: Rückgeld

Rückgeld

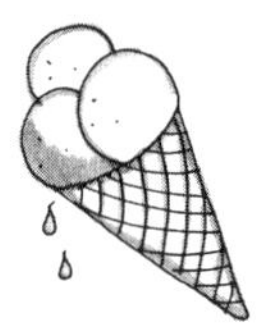

Familie Schlecker kommt in ihrem Urlaub jeden Tag zu einer von Pinos Eisdielen. Sie bestellen immer etwas anderes, aber sie zahlen jedes Mal mit einem 10 €-Schein. Rechne auf deinem Blatt aus, was Familie Schlecker an den verschiedenen Tagen zurückbekommt.

Montag: 2 Kugeln Eis, 1 Kugel Eis mit Sahne, 1 Kaffee
Dienstag: 1 Limo, 1 Kinderbecher, 1 Milchshake
Mittwoch: 1 Erdbeerbecher, 1 Kaffee, 1 Kugel Eis
Donnerstag: 1 Spaghettieis, 1 Kugel Eis mit Schokoladenwaffel
Freitag: 1 Milchshake, 1 Erdbeerbecher, 1 Limo

Hinweis: Am Freitag reicht das Geld nicht bzw. es gibt kein Rückgeld.

Anmerkung für die Lehrerin: Die Kugel Eis kann auf Papier mit verschiedenen Farben kopiert werden, um unterschiedliche Sorten darzustellen. Die anderen Bildkarten sollten mehrfach kopiert werden.

Sternchenaufgabe KV 10

Für coole Köpfe

Bei Pino gibt es diese Woche ein Sonderangebot.

5 Kugeln Eis und eine Schokoladenwaffel für nur 5 €!

Würdest du das Sonderangebot empfehlen? Rechne aus und begründe deine Meinung!

Aufgabenkarten „Anwendung“

Karten für das Tafelbild	Karten, die zugeordnet werden müssen, um volle Beträge zu erhalten (mit überflüssigen Karten)
6 € 80 ct	20 ct
1 € 99 ct	1 ct
35 ct	65 ct
9 € 10 ct	90 ct
2 € 03 ct	97 ct
	100 ct
	34 ct
	28 ct

Im Land der Körperformen

Besonderheiten der Stunde:

Die Kinder beschäftigen sich handlungsorientiert mit den verschiedenen Körperformen und stellen sie eigenständig aus Knetmasse her.

Grobziel:

Vergleichen und Beschreiben von Körperformen und ihren Eigenschaften

Feinziele/Kompetenzen:

- Körperformen nach selbst gefundenen und vorgegebenen Kriterien vergleichen, beschreiben und sortieren
- Eigenschaften von Körperformen mithilfe der Fachbegriffe Ecke, Kante und Fläche vergleichen und beschreiben
- die Begriffe Zylinder, Prisma, Quader, Würfel, Kegel, Pyramide und Kugel zu den jeweiligen Körperformen zuordnen
- Körperformen durch Kneten erzeugen

Voraussetzungen:

Die einzelnen Körperformen und die Begriffe Ecke, Kante und Fläche sind den Kindern bekannt.

Material:

Lehrerin:

- Bildkarten „Körperformen“ (KV 1)
- Wortkarten „Körperformen“ (KV 2)
- Wortkarten „Eigenschaften“ (KV 3)
- Bildkarten „Lernweg“ (KV 4)
- Sandkastenlandschaft mit Gebäuden aus Körperformen
- Körperformenmodelle
- Digitalkamera
- CD-Player
- CD mit Musik und Aufräummusik (beliebig wählbar)
- Taschenlampe

Kinder:

- Knetmasse
- Zahnstocher bzw. Schaschlikspieße
- blanko Papier
- Bleistift

Vorbereitung:

- Tafelbild entsprechend vorbereiten
- Sandkasten mit Gebäuden aus Körperformen vorbereiten (siehe Abbildung Sandkasten)
- Bildkarten „Körperformen“ (KV 1) vergrößert kopieren, bei Bedarf anmalen und laminieren
- Bildkarten „Körperformen“ (KV 1) für die Partnerarbeit mehrfach als kleine Kärtchen kopieren (immer zwei Kinder erhalten zusammen ein Päckchen)
- Wortkarten „Körperformen“ (KV 2) und „Eigenschaften“ (KV 3) vergrößert kopieren und bei Bedarf laminieren
- Digitalkamera mitbringen
- CD-Player und CD mit Musik und Aufräummusik (beliebig wählbar) vorbereiten
- Körperformenmodelle bereitstellen und Taschenlampe mitbringen

Unterrichtsverlauf:

Phase	Durchführung	Material/Sozialform
Hinführung	Das Klassenzimmer ist abgedunkelt, es ertönt leise Musik und der Sandkasten wird mit einer Taschenlampe angeleuchtet. Eine Stadt aus Körperformen wird sichtbar.	Kinokreis, Sandkasten, Taschenlampe, CD-Player, CD mit Musik (beliebig wählbar)
	→ Die Kinder äußern sich frei zum Gesehenen.	Unterrichtsgespräch
	Die Lehrerin erzählt: „Wir sind heute an einen besonderen Ort gereist. Wir sind zu Besuch im Land der Körperformen.“	Lehrererzählung
Zielangabe	Die Überschrift wird von der Lehrerin vervollständigt und an die Tafel notiert: Im Land der Körperformen!	Tafel, Tafelanschrieb
Wiederholung	Die Kinder benennen die Körperformen aus dem Sandkasten und was sie darstellen. (Z. B. „Das Dach ist ein Prisma.“)	Sandkasten, Unterrichtsgespräch
	Bildkarten der einzelnen Körperformen werden ins Tafelbild gehängt und die passenden Wortkarten mit Namen und Eigenschaften werden entsprechend zugeordnet.	Tafel, Bild- und Wortkarten (KV 1–3), Unterrichtsgespräch
	Die Kinder stellen fest, dass es keine Bewohner im Land der Körperformen gibt und vermuten, wie diese wohl aussehen könnten. (Sie bestehen aus Körperformen.)	
Lernweg	Der Lernweg wird gemeinsam besprochen und die Bildkarten werden an der Tafel fixiert.	Tafel, Bildkarten „Lernweg“ (KV 4)
Übung	In Partnerarbeit planen die Kinder ihren Bewohner für das Land der Körperformen. Dazu verwenden sie die Bildkarten der Körperformen und erstellen einen Bauplan oder eine Skizze.	Partnerarbeit, Bildkarten „Körperformen“ (KV 1), blanko Papier, Bleistift
	Die einzelnen Teile der Bewohner werden aus Knetmasse geformt und mit Zahnstochern zu einer Figur zusammengefügt.	Einzelarbeit, Knetmasse, Zahnstocher, Schaschlikspieße
Differenzierung/ Inklusion	*Qualitative Differenzierung* Kinder, die lernzieldifferent unterrichtet werden, beginnen gleich damit, die einzelnen Körperformen zu kneten. Eine Beschränkung der Anzahl kann sinnvoll sein (z. B. nur Kugel, Würfel und Quader). Modelle der Körperformen als Anschauungsmaterial sollten zur Verfügung gestellt werden.	Modelle der Körperformen
	Die Arbeitsphase wird durch das Einspielen von Aufräummusik beendet.	CD-Player, CD mit Aufräummusik
Museumsrundgang/ Präsentation	Die Kinder gehen zu ruhiger Musik durchs Klassenzimmer und schauen sich die Figuren an, die entstanden sind. Dabei haben sie folgende Beobachtungsaufträge: **1.** Finde eine Figur, die dir besonders gut gefällt.	Museumsrundgang, CD-Player, CD mit Musik (beliebig wählbar)

Phase	Durchführung	Material/Sozialform
	2. Finde eine Figur, bei der die Körperformen besonders gut gelungen sind. **3.** Finde eine Figur, die besonders witzig ist. Die einzelnen Punkte werden im Unterrichtsgespräch besprochen. Die Kinder begründen ihre Meinung.	Unterrichtsgespräch
Anwendung	Die Kinder müssen beweisen, dass sie sich gut mit den Körperformen auskennen. Es werden verschiedene Rätsel gestellt: „Alle Kinder stehen auf, deren Figur …“ (z. B. eine Kugel als Kopf hat, mindestens drei Quader hat etc.).	Unterrichtsgespräch, Rätsel
Reflexion/Abschluss	Reihum äußern sich alle Kinder, was ihnen beim Bauen der Figuren leicht oder schwer gefallen ist und setzen anschließend ihre Figuren in das Land der Körperformen (oder außen herum, falls der Platz nicht ausreicht). Die Lehrerin macht ein Foto der einzelnen Figuren oder der ganzen Landschaft, das dann ins Mathematikheft geklebt werden kann.	Sitzkreis, Figuren der Kinder, Sandkasten Digitalkamera

Tafelbild
Seitentafeln innen:

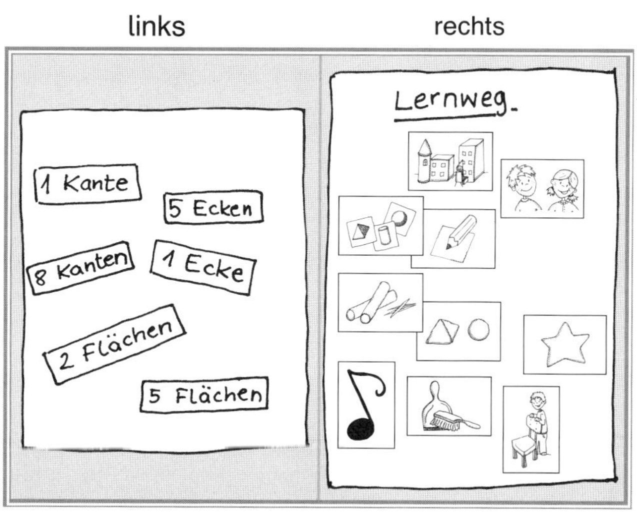

Tafelbild innen (Mitte):

Lernweg:

Du musst heute dem Land der Körperformen helfen, damit wieder Bewohner dort einziehen. Überlege mit deinem Partner, wie diese Figuren wohl aussehen. Benutze die Bilder der Körperformen und mache einen Bauplan oder eine Skizze.

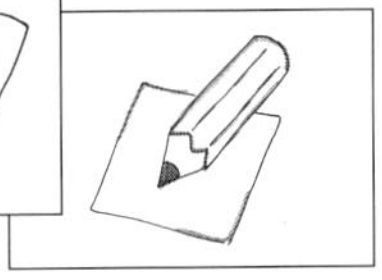

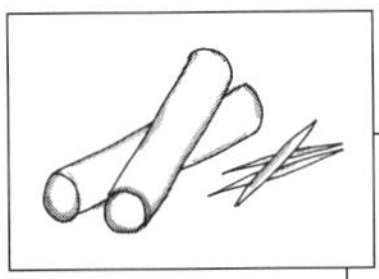

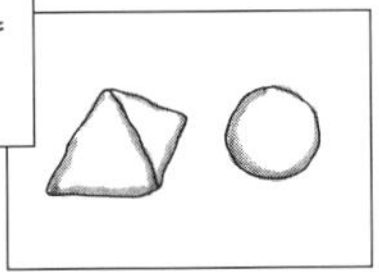

Hole dir anschließend Knetmasse und Zahnstocher und forme die Körperformen, die du brauchst. An der Tafel kannst du nachsehen, wenn du dir nicht mehr sicher bist. Jedes Kind darf seine eigene Figur bauen.

Wenn du mit einer Figur fertig bist, plane eine zweite Figur.

Wenn du die Aufräummusik hörst, dann räume deinen Platz auf und stelle dich hinter deinen Stuhl.

Abbildungen – Sandkasten:

Stadt aus Körperformen

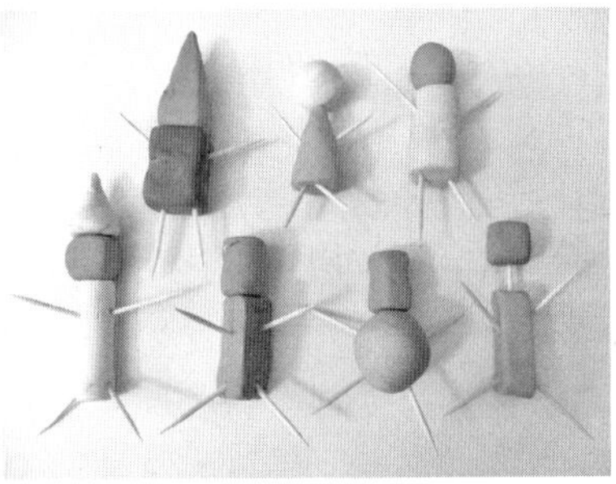

Bewohner – Land der Körperformen

KV 1 Bildkarten „Körperformen“

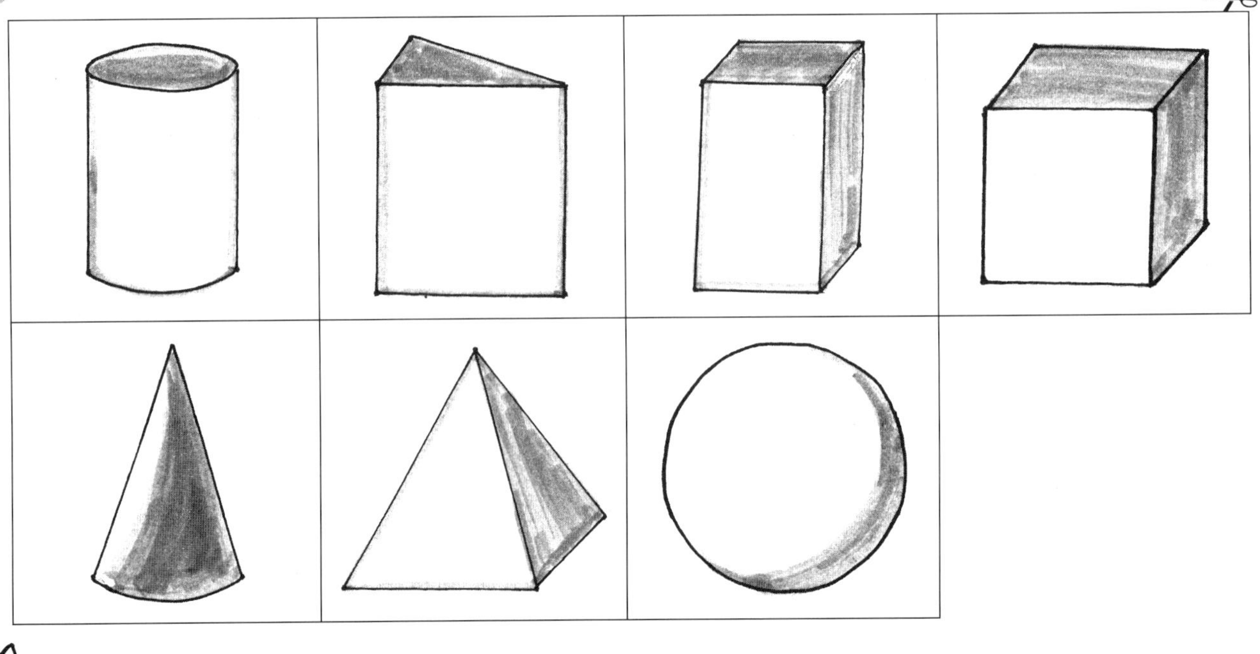

Kugel
Würfel
Quader
Zylinder
Kegel
Pyramide
Prisma

0 Ecken	9 Kanten
8 Ecken	2 Kanten
8 Ecken	1 Kante
0 Ecken	1 Fläche
6 Ecken	6 Flächen
4 Ecken	6 Flächen
0 Ecken	3 Flächen
0 Kanten	2 Flächen
12 Kanten	5 Flächen
12 Kanten	5 Flächen
4 Kanten	

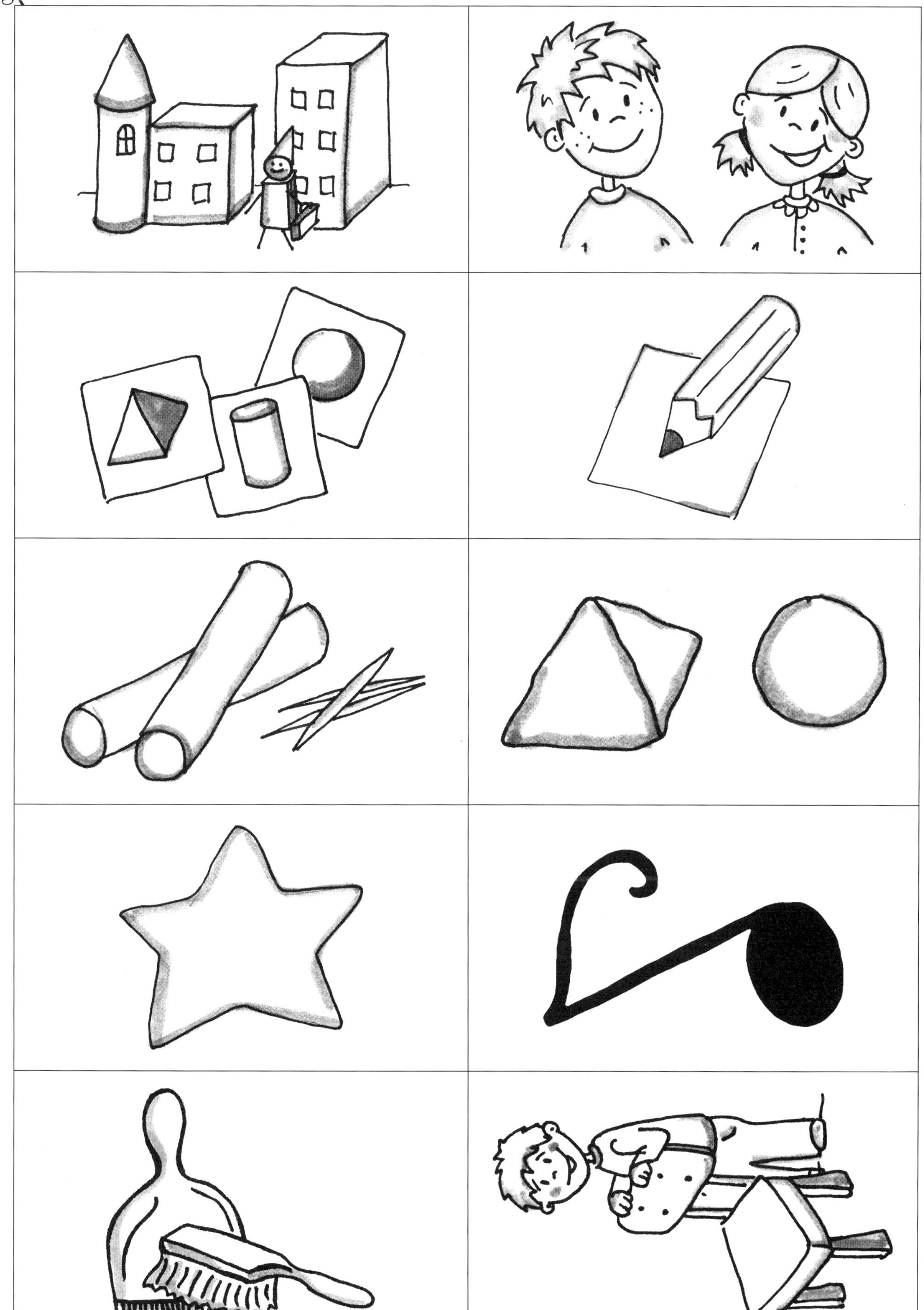

Ansichtssache – Einen Freizeitpark bauen und Rätsel lösen

Besonderheiten der Stunde:

Die Kinder bauen im Sandkasten mit Bausteinen ihren eigenen Freizeitpark und lösen auf motivierende Weise Orientierungsübungen.

Grobziel:

Orientieren im Raum, Beschäftigen mit Ansichten

Feinziele/Kompetenzen:

- die Lagebegriffe *links/rechts, neben, zwischen, oben/unten, vor/hinter, über/unter, auf/unter* und *hinten/vorne* verwenden, um die Lage von Gegenständen bezüglich des eigenen Körpers und Lagebeziehungen von Gegenständen im Raum treffend zu beschreiben
- praktisch und in der Vorstellung verschiedene Perspektiven einnehmen, um Ansichten und Lagebeziehungen (*von vorne, von hinten, von links, von rechts, von oben, von unten*) zu beschreiben

Voraussetzungen:

Die Lagebegriffe müssen den Kindern bekannt sein.

Material:

Lehrerin:	*Kinder:*
✶ Bildkarte „Freizeitpark" (KV 1) ✶ Wortkarte „Freizeitpark (KV 2) ✶ Steckerlfiguren (KV 3) ✶ Bildkarten „Modell und Kinder" (KV 4) ✶ Wortkarte „Ansicht" (KV 5) ✶ Wortkarte „Zielangabe" (KV 6) ✶ Bildkarten „Lernweg" (KV 7) ✶ Wortkarten „Lagebegriffe" (KV 8) ✶ Wortkarten „Lagebeziehungen" (KV 9) ✶ Bausteine (z. B. LEGO®-Steine oder andere Bausteine) ✶ Sandkasten ✶ Zahnstocher ✶ Papierstreifen (aus Tonpapier zugeschnitten) ✶ Digitalkamera	✶ Federmäppchen ✶ Rechenblocks ✶ Bausteine (z. B. LEGO®-Steine oder andere Bausteine) ✶ Zeichenblockblätter

Vorbereitung:

- Die Kinder können Bausteine, am besten LEGO®-Steine, von zu Hause mit in die Schule bringen. Aber auch als Lehrerin sollte man einige parat haben.
- Bildkarte „Freizeitpark" (KV 1) vergrößert kopieren, bei Bedarf anmalen und laminieren
- Wortkarte „Freizeitpark" (KV 2) vergrößert kopieren, bei Bedarf laminieren
- Steckerlfiguren (KV 3) kopieren, bei Bedarf anmalen und laminieren
- Bildkarten „Modell und Kinder" (KV 4) vergrößert kopieren, bei Bedarf anmalen und laminieren
- Wortkarte „Ansicht" (KV 5) vergrößert kopieren, bei Bedarf laminieren
- Wortkarte „Zielangabe" (KV 6) vergrößert kopieren, bei Bedarf laminieren

* Bildkarten „Lernweg“ (KV 7) vergrößert kopieren, bei Bedarf anmalen und laminieren
* Wortkarten „Lagebegriffe“ (KV 8) und „Lagebeziehungen“ (KV 9) vergrößert kopieren, bei Bedarf laminieren
* Sandkastenlandschaft vorbereiten, evtl. kleine Arbeitssandkästen vorbereiten
* Papierstreifen auf Zahnstochern nach Anzahl der Arbeiten vorbereiten
* idealerweise eine Fotografie von jedem Kind, wie es einen Fotoapparat vor die Augen hält
* Digitalkamera bereitstellen

Unterrichtsverlauf:

Phase	Durchführung	Material/Sozialform
Einstimmung	Über einen Bildimpuls und eine später eingesetzte Wortkarte zum Thema „Freizeitpark“ und eine Sandkastenlandschaft wird das Vorwissen der Kinder abgerufen und auf das Rahmenthema eingestimmt.	Bildkarte „Freizeitpark“ (KV 1), Sandkasten, Sitzkreis, Unterrichtsgespräch, Wortkarte „Freizeitpark“ (KV 2)
Konkretisierung	Die Lehrerin erzählt eine Rahmengeschichte (begleitendes Stecken von Figuren um ein Modell aus LEGO®-Steinen im Sandkasten): *Ulli und Flo fahren mit ihren Freundinnen und Freunden in einen Freizeitpark. Dort entdecken Sie viele tolle Figuren aus riesigen Bausteinen. Alle sind begeistert und fotografieren wie wild. Daheim schauen sie sich die Aufnahmen an. Jedes Kind hat eine andere Ansicht fotografiert …* Unterschiedliche Abbildungen (Ansichten) einer Figur und fotografierender Kinder (passend zur Lehrererzählung) werden an die Tafel gehängt. Der Begriff „Ansicht“ wird mit den Kindern geklärt.	Steckerlfiguren (KV 3), Modell aus LEGO®-Steinen im Sandkasten, Lehrererzählung Tafel, Tafelbild, Bildkarten „Modell und Kinder“ (KV 4), Wortkarte „Ansicht“ (KV 5)
	Die Kinder ordnen die Steckerlfiguren im Sandkasten um das Modell aus LEGO®-Steinen an.	Steckerlfiguren (KV 3)
Zielangabe	Impuls der Lehrerin: „Das ist aber noch kein ganzer Freizeitpark aus Bausteinen mit vielen tollen Modellen. Bisher haben wir ja nur ein Modell. Wir bauen unseren eigenen Freizeitpark und lösen Rätsel.“ Die Lehrerin fixiert im Anschluss die Zielangabe an der Tafel.	Lehrerimpuls Tafel, Wortkarte „Zielangabe“ (KV 6)
Planung	Der Lernweg wird gemeinsam besprochen und die Bildkarten werden an der Tafel fixiert. <u>Konkretisierung der offenen Arbeitsphase über den Lernweg:</u> * Baue alleine/mit deinem Partnerkind/in der Gruppe ein Bauwerk aus LEGO®-Steinen (nicht mehr als 10 Steine). Schreibt auf einem Fähnchen euren Namen dazu. * Zeichnet euer Bauwerk möglichst genau auf einem karierten Blatt und mit Lineal von allen Seiten. Schreibt euren Namen auf die Rückseite.	Tafel, Bildkarten „Lernweg“ (KV 7) Einzelarbeit/Partnerarbeit/Gruppenarbeit, LEGO®-Steine (10 Teile pro Werk), Papierstreifen auf Zahnstocher (Fähnchen für die Namen), karierte Blätter, Lineal, Federmäppchen

Phase	Durchführung	Material/Sozialform
	✱ Bringt euer Rätsel an der Tafel an. ✱ Fotografiert euer Bauwerk aus verschiedenen Ansichten. Setzt es an einen Platz im Sandkasten. ✱ Steckt eure Figur/euren Namen dazu. Fertig? Dann versucht, einen Plan von unserem Freizeitpark zu zeichnen.	Tafel Digitalkamera, Sandkasten Sandkasten, Figuren/Fähnchen für die Namen weiße Zeichenblockblätter
Hauptarbeitsphase	In der Hauptarbeitsphase bauen die Kinder in unterschiedlichen Arbeitsformen. Eine Begleitung und Strukturierung erfolgt über den Lernweg.	Einezlarbeit/Partnerarbeit/Gruppenarbeit, LEGO®-Steine, Buntstifte, Lineal, karierte Blocks, Fähnchen für die Namen
Differenzierung/ Inklusion	Qualitative Differenzierung Die Lehrerin baut gemeinsam mit lernzieldifferenziert zu unterrichtenden Kindern.	
Alternative/ Differenzierung	Die Kinder erhalten Gruppensandkästen (Kopierpapierkartondeckel mit etwas Sand gefüllt) und bauen ihren eigenen Parkabschnitt des Freizeitparks. Differenzierung: Anbieten von DUPLO®-Material für Grobmotoriker.	Kopierpapierkartondeckel, Sand, Kreide, Haushaltssieb, Bäumchen, Steine, LEGO®-Steine DUPLO®-Steine
	Wenn die Aufräummusik ertönt, räumen die Kinder alles auf und stellen sich hinter ihren Stuhl.	CD mit Aufräummusik (beliebig wählbar), CD-Player
Präsentation	Verwenden der Lagebegriffe *links/rechts, neben, zwischen, oben/unten, vor/hinter, über/unter, auf/unter* und *hinten/vorne*, um die Lage von Gegenständen bezüglich des eigenen Körpers und Lagebeziehungen von Gegenständen im Sandkasten treffend zu beschreiben. Gemeinsames Betrachten der entstandenen Werke im Klassensandkasten unter Verwendung der Lagebegriffe. Hier ist ein Hinzufügen der Einzelsandkästen möglich. Wichtig: Die Klasse in den Kinositz setzen, da sonst die Lagebegriffe nicht adäquat angewendet werden können.	Wortkarten „Lagebegriffe" (KV 8) Kinositz (drei Reihen hintereinander), Sandkasten
Vertiefung	Die Kinder nehmen praktisch und in der Vorstellung verschiedene Perspektiven ein, um Ansichten und Lagebeziehungen (*von vorne, von hinten, von links, von rechts, von oben, von unten*) zu beschreiben. Lösung der Rätsel der Kinder: Welches Bauwerk wurde gezeichnet? Die Kinder antworten unter Verwendung der Lagebegriffe und klären, wo das zeichnende Kind stand.	Tafel, Tafelbild (Zeichnungen der Kinder), Wortkarten „Lagebeziehungen" (KV 9)
Ausblick	Die digitalen Aufnahmen der Bauwerke der Kinder werden abgezogen und für das warming up in der folgenden Stunde verwendet.	digitale Aufnahmen der Bauwerke

Tafelbild:

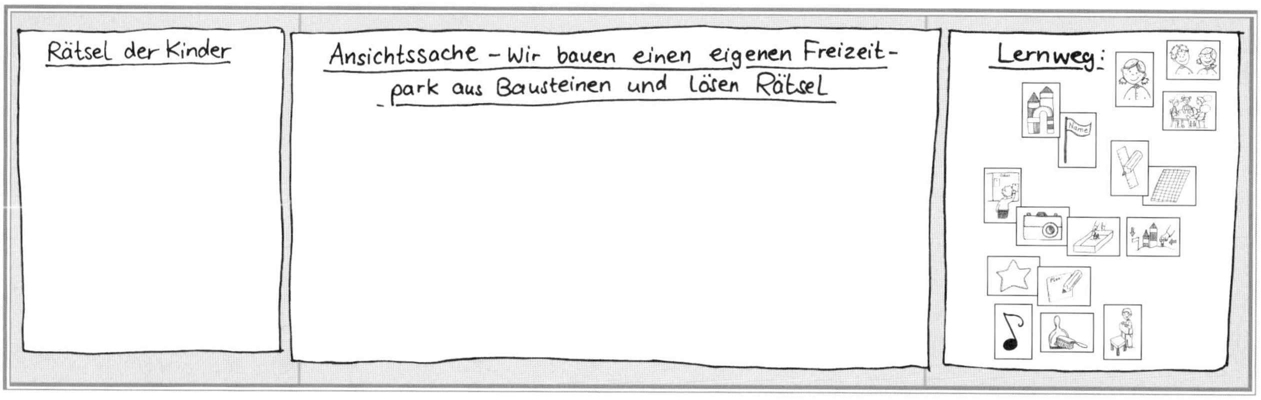

Lernweg:

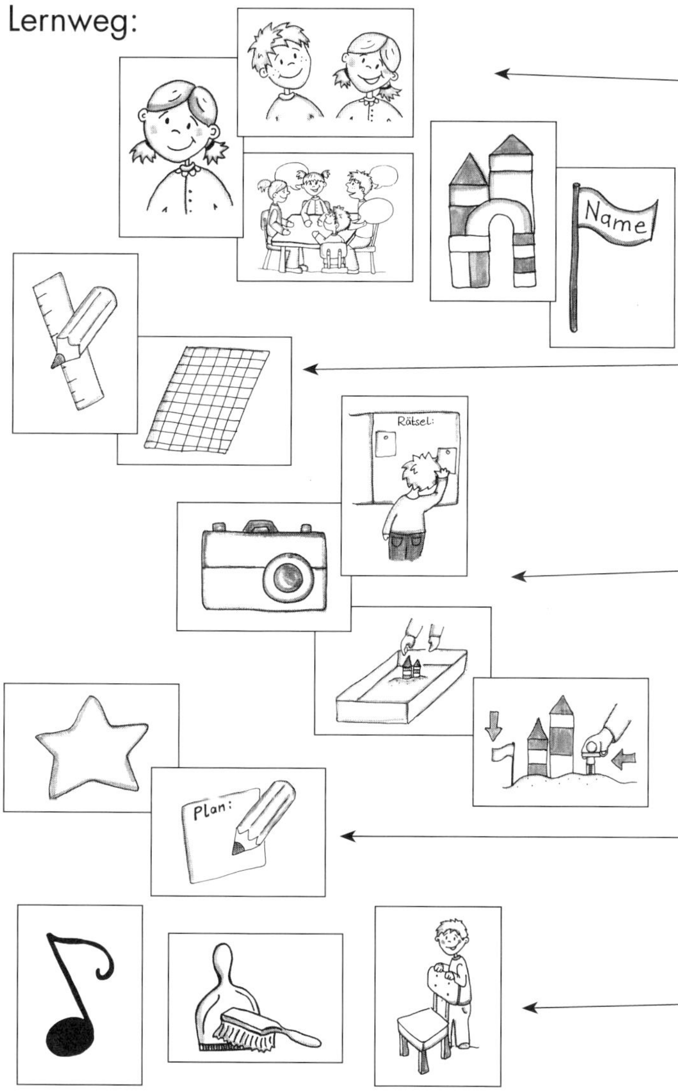

Baue allein/mit einem Partnerkind/in der Gruppe ein Bauwerk aus LEGO®-Steinen (nicht mehr als zehn Steine). Schreibt auf einem Fähnchen euren Namen dazu.

Zeichnet euer Bauwerk möglichst genau auf einem karierten Blatt mit einem Lineal von allen Seiten. Schreibt euren Namen auf die Rückseite.

Bringt euer Rätsel an der Tafel an. Fotografiert euer Bauwerk aus verschiedenen Ansichten. Setzt es an einen Platz im Sandkasten. Steckt eure Figur/euren Namen dazu.

Fertig? Dann versucht, einen Plan von unserem Freizeitpark zu zeichnen.

Wenn du die Aufräummusik hörst, dann räume deinen Platz auf und stelle dich hinter den Stuhl.

Abbildung – Sandkasten:

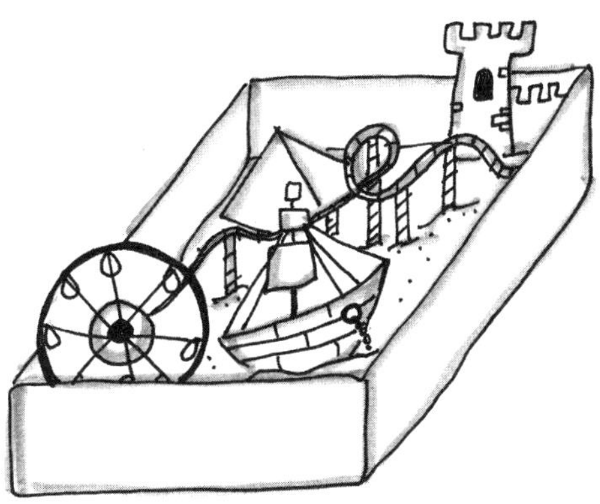

KV1 Bildkarte „Freizeitpark“

KV 2 Wortkarte „Freizeitpark“

Freizeitpark

KV 4 Bildkarten „Modell und Kinder“

KV 5 Wortkarte „Ansicht“

Ansicht

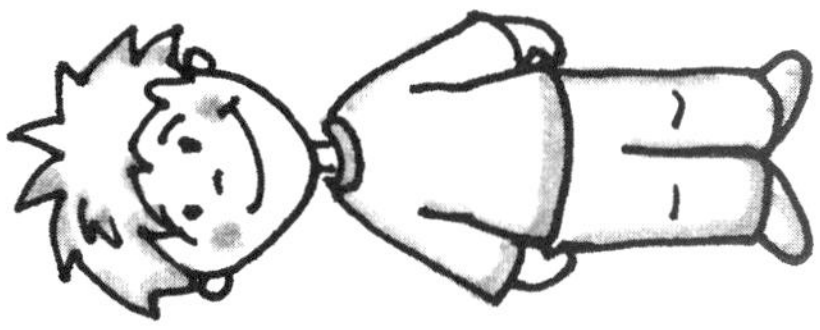

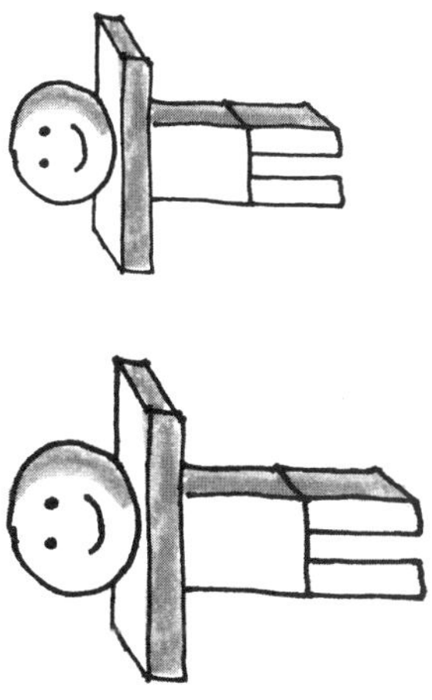

Wir bauen unseren
eigenen Freizeitpark
und lösen Rätsel

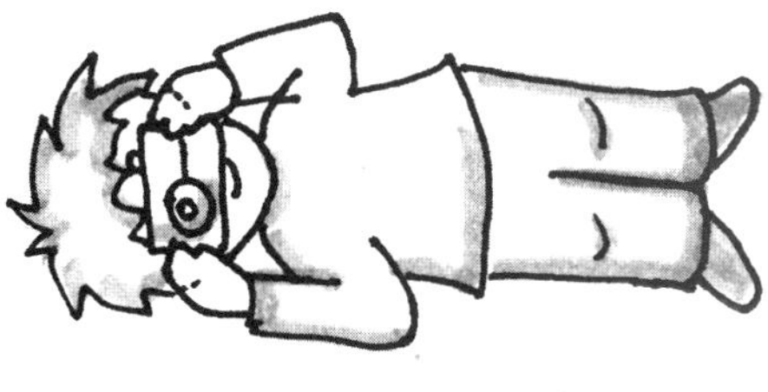

KV 7 Bildkarten „Lernweg“

links
rechts
neben
zwischen
oben
unten
vor
hinter
über
unter
auf
hinten
vorne

von vorne
von hinten
von links
von rechts
von oben
von unten